Dr. S.R. Chitra
Dr. G. Prabhavathi
Mrs. B Suriya Devi

BIOFÍSICA - I

Dr. S.R. Chitra
Dr. G. Prabhavathi
Mrs. B Suriya Devi

BIOFÍSICA - I

ScienciaScripts

Cover image: www.ingimage.com

This book is a translation from the original published under ISBN 978-620-5-51393-4.

Publisher:
Sciencia Scripts
is a trademark of
Dodo Books Indian Ocean Ltd. and OmniScriptum S.R.L publishing group

120 High Road, East Finchley, London, N2 9ED, United Kingdom
Str. Armeneasca 28/1, office 1, Chisinau MD-2012, Republic of Moldova, Europe
Printed at: see last page
ISBN: 978-620-7-91321-3

Conteúdo

PREFÁCIO

Este livro destina-se a ser um livro de referência para estudantes de engenharia nas áreas da Física e da Biologia.

O presente livro, Biofísica-I, apresenta um campo científico vibrante onde cientistas de muitas áreas, incluindo matemática, química, física, engenharia, farmacologia e ciências dos materiais, utilizam as suas competências para explorar e desenvolver novas ferramentas para compreender como funciona a biologia - toda a vida. O curso de Biofísica é também uma excelente via para os estudantes que pretendem prosseguir estudos de pós-graduação. A "biofísica" implica a física aplicada à biologia: é isso que é a biofísica? Sim, a biofísica é o estudo dos **sistemas biológicos** e dos **processos biológicos utilizando métodos baseados na física ou em princípios físicos**.

Estamos gratos a Deus e aos nossos pais. Agradecemos também à nossa instituição pelo seu apoio total para a publicação deste livro.

AUTORES

Dr. SUBBIAH RAMMOHAN CHITRA
Autor correspondente, Diretor, TERACRYST Research & Development Lab, Madurai
Diretor de Física, P K N College, Madurai
Tamilnadu na Índia
jaicitra@yahoo.co.in linkedin.com/in/s-r-chitra-73 researchgate.net/s r chitra
Dr.G.PRABHAVATHI
Diretor e professor assistente de Física, Syed Ammal Arts and Science College, Ramanathapuram Tamilnadu na Índia
prabhaphd2017@gmail. comm
Sra. B SURIYA DEVI
Professor convidado de Física, Faculdade de Artes e Ciências do Governo, Sattur, Virudhunagar
Tamilnadu na Índia
prabhusuriya2008@gmail.com
Sra. A.LAKSHMI
Diretor e Professor Associado de Física,
Colégio Mannar Thirumalai Naicker (Autónomo), Madurai
Tamilnadu na Índia
lakshmi.mtnc@gmail.com

CAPÍTULO 1

1Biologia celular

A biologia celular é o estudo da estrutura e função das células e gira em torno do conceito de que a célula é a unidade fundamental da vida. O foco na célula permite uma compreensão detalhada dos tecidos e organismos que as células compõem. Alguns organismos têm apenas uma célula, enquanto outros estão organizados em grupos cooperativos com um grande número de células. De um modo geral, a biologia celular centra-se na estrutura e função de uma célula, desde as propriedades mais gerais partilhadas por todas as células, até às funções únicas e altamente intrincadas próprias das células especializadas.

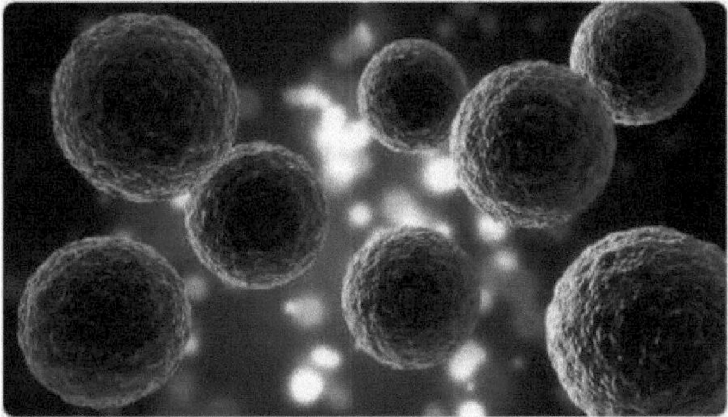

Figura 1.1 Estrutura celular

O ponto de partida para esta disciplina pode ser considerado a década de 1830. Embora os cientistas utilizassem microscópios há séculos, nem sempre tinham a certeza do que estavam a ver. À observação inicial de Robert Hooke, em 1665, das paredes das células vegetais em fatias de cortiça, seguiram-se as primeiras descrições de Antonie van Leeuwenhoek de células vivas com partes visivelmente móveis. Na década de 1830, dois cientistas que eram colegas - Schleiden, que se debruçava sobre as células vegetais, e Schwann, que se debruçava primeiro sobre as células animais - forneceram a primeira definição clara de célula. A sua definição afirmava que todos os seres vivos, tanto simples como complexos, são constituídos por uma ou mais células e que a célula é a unidade estrutural e funcional da vida - um conceito que ficou conhecido como teoria celular.

À medida que os microscópios e as técnicas de coloração foram melhorando ao longo dos séculos XIX e XX, os cientistas foram capazes de ver cada vez mais pormenores internos das células. Os microscópios utilizados por van Leeuwenhoek provavelmente ampliavam os espécimes algumas centenas de vezes. Atualmente, os microscópios electrónicos de alta potência podem ampliar espécimes mais de um milhão de vezes e revelar as formas dos organelos à escala de um micrómetro ou inferior. Com a microscopia confocal, uma série de imagens pode ser combinada, permitindo aos investigadores gerar representações tridimensionais pormenorizadas das células. Estas técnicas de imagem melhoradas ajudaram-nos a compreender melhor a maravilhosa complexidade das células e as estruturas que formam.

Existem vários subcampos principais no âmbito da biologia celular. Um deles é o estudo da energia celular e dos mecanismos bioquímicos que suportam o metabolismo celular. Uma vez que as células são máquinas em si mesmas, o foco na energia celular sobrepõe-se à procura de questões sobre o modo como a energia surgiu nas células primordiais originais, há milhares de milhões de anos. Outro subcampo da biologia celular diz respeito à genética da célula e à sua estreita interconexão com as proteínas que controlam a libertação de informação genética do núcleo para o citoplasma celular. Ainda outro subcampo centra-se na estrutura dos componentes celulares, conhecidos como compartimentos subcelulares. O subcampo adicional da biologia celular, que abrange muitas disciplinas biológicas, diz respeito à comunicação e sinalização celular, concentrando-se nas mensagens que as células transmitem e recebem de outras células e de si próprias. E, finalmente, existe o subcampo que se ocupa principalmente do ciclo celular, a rotação de fases que começa e termina com a divisão celular e se centra em diferentes períodos de crescimento e replicação do ADN. Muitos biólogos celulares encontram-se na intersecção de dois ou mais destes subcampos, à medida que a nossa capacidade de analisar as células de forma mais complexa se expande.

Em consonância com a crescente interdisciplinaridade, a recente emergência da biologia de sistemas afectou muitas disciplinas biológicas; trata-se de uma metodologia que incentiva a análise de sistemas vivos no contexto de outros sistemas. No domínio da biologia celular, a biologia dos sistemas permitiu colocar e responder a questões mais complexas, como as inter-relações das redes de regulação dos genes, as relações evolutivas entre genomas e as interacções entre redes de sinalização intracelular. Em última análise, quanto mais ampla for a perspetiva que adoptarmos para as nossas descobertas no domínio da biologia celular, maior será a probabilidade de decifrarmos as complexidades de todos os sistemas vivos, grandes e pequenos.

1.1 Organização e estrutura dos procariotas e eucariotas

De acordo com a teoria celular, a célula é a unidade básica da vida. Todos os organismos vivos são compostos por uma ou mais células. Com base na organização das suas estruturas celulares, todas as células vivas podem ser divididas em dois grupos: procarióticas e eucarióticas (também designadas por procarióticas e eucarióticas). Animais, plantas, fungos, protozoários e algas possuem todos tipos de células eucarióticas. Apenas as bactérias possuem células procarióticas. As bactérias são os pequenos pontos e traços roxos escuros na célula azul clara. A massa oval roxa no centro é o núcleo da célula epitelial.

As células procarióticas são geralmente muito mais pequenas e simples do que as eucarióticas (Figura 1.3). As células procarióticas são, de facto, capazes de ser estruturalmente mais simples devido ao seu pequeno tamanho. Quanto mais pequena é uma célula, maior é a sua relação superfície/volume (a área da superfície de uma célula em comparação com o seu volume).

FEATURE	PROKARYOTES	EUKARYOTES
SIZE	0.5-5μm DIAMETER	UP TO 100μm DIAMETER
GENOME	DNA CIRCULAR WITH NO PROTEINS, IN THE CYTOPLASM	DNA IS ASSOCIATED WITH HISTONES (PROTEINS) FORMED INTO CHROMOSOMES
CELL DIVISION	OCCURS BY BINARY FISSION, NO SPINDLE INVOLVED	OCCURS BY MITOSIS OR MEIOSIS AND INVOLVES A SPINDLE TO SEPARATE CHROMOSOMES
RIBOSOMES	70S RIBOSOMES	80S RIBOSOMES
ORGANELLES	VERY FEW NO MEMBRANE-BOUND ORGANELLES.	NUMEROUS TYPES OF ORGANELLES MEMBRANE-BOUND SINGLE MEMBRANES: LYSOSOMES, GOLGI COMPLEX, VACUOLES DOUBLE MEMBRANES: NUCLEUS, MITOCHONDRIA, CHLOROPLAST NO MEMBRANE: RIBOSOMES, CENTRIOLES, MICROTUBULES
CELL WALL	MADE OF PEPTIDOGLYCAN (POLYSACCHARIDE AND AMINO ACIDS) AND MUREIN	PRESENT IN PLANTS (MADE OF CELLULOSE OR LIGNIN) AND FUNGI (MADE OF CHITIN, SIMILAR TO CELLULOSE BUT CONTAINS NITROGEN)

Quadro 1.1 Características dos procariotas e eucariotas

A área da superfície de um objeto esférico pode ser calculada utilizando a seguinte fórmula:

$S=4\pi r^2$

O volume de um objeto esférico pode ser calculado utilizando a fórmula:

$V=4/3\pi r^3$

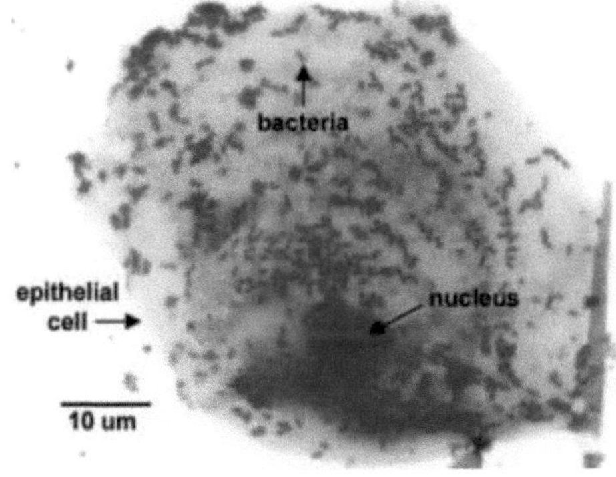

Figura 1.2 Bactérias numa célula epitelial humana da boca

Por exemplo, uma célula esférica com 1 micrómetro (µm) de diâmetro - o tamanho médio de uma bactéria em forma de cocos - tem uma relação superfície/volume de aproximadamente 6:1, enquanto uma célula esférica com um diâmetro de 20 µm tem uma relação superfície/volume de aproximadamente 0,3:1.

Uma grande relação superfície/volume, como se observa nas células procarióticas mais pequenas, significa que os nutrientes podem chegar fácil e rapidamente a qualquer parte do interior das células. No entanto, nas células eucarióticas maiores, a área de superfície limitada em comparação com seu volume significa que os nutrientes não podem se difundir rapidamente para todas as partes internas da célula. É por isso que as células eucarióticas necessitam de uma variedade de organelos internos especializados para efetuar o metabolismo, fornecer energia e transportar substâncias químicas através da célula. Ambas, no entanto, devem realizar os mesmos processos vitais. Algumas características que distinguem as células procarióticas das eucarióticas são apresentadas na Tabela 1.1.

1.1.1 Corpo nuclear

- célula eucariótica

a. O corpo nuclear é delimitado por uma membrana nuclear com poros que o ligam ao retículo endoplasmático (ver Figura 1.3 e Figura 1.4).

b. Contém um ou mais cromossomas lineares emparelhados, compostos por ácido desoxirribonucleico (ADN) associado a proteínas histonas).

c. Um nucléolo está presente. O ARN ribossómico (ARNr) é transcrito e montado no nucléolo. d. O corpo nuclear é designado por núcleo.

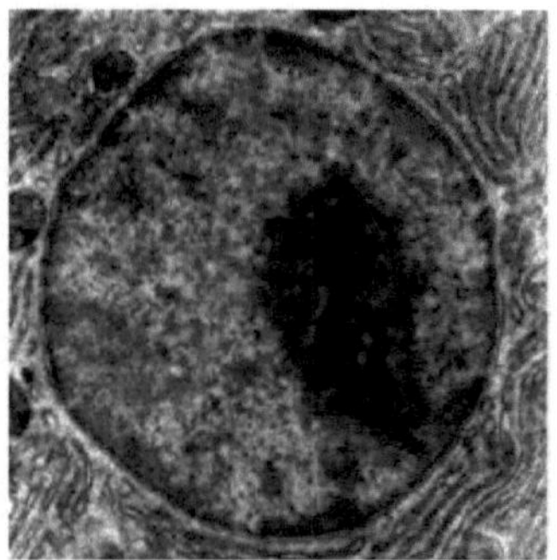

Figura 1.3 *Micrografia eletrónica de um núcleo celular, mostrando o nucléolo com coloração escura*

-célula procariótica

a. O corpo nuclear não é delimitado por uma membrana nuclear (ver Figura 1.2). b. Geralmente contém um cromossoma circular composto por ácido desoxirribonucleico (ADN) associado a proteínas do tipo histona.

c. Não existe nucléolo. O corpo nuclear é designado por nucleoide.

1.1.2 Divisão celular

-célula eucariótica

a. O núcleo divide-se por mitose.

b. As células sexuais haplóides (1N) em organismos diplóides ou 2N são produzidas por meiose.

-célula procariótica

a. A célula divide-se normalmente por fissão binária. Não há mitose.

b. As células procarióticas são haplóides. A meiose não é necessária.

1.1.3 Membrana citoplasmática - também conhecida como membrana celular ou membrana plasmática

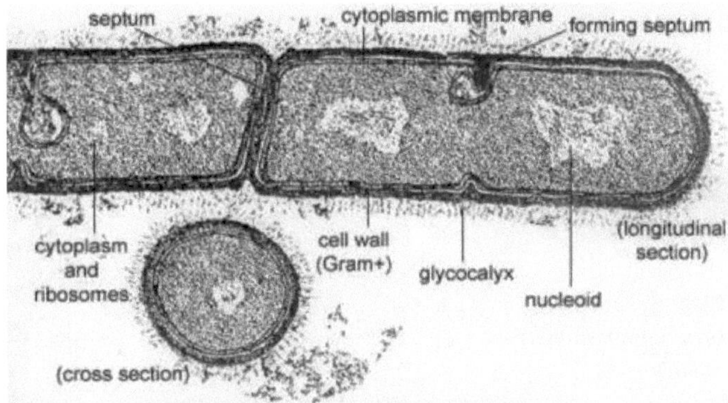

Figura 1.4 Célula procariótica (Bacillus megaterium)

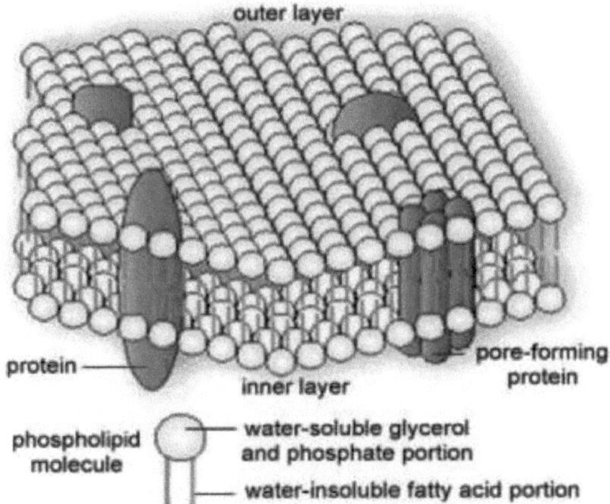

Figura 1.5 Diagrama de um membarano citoplasmático

-célula eucariótica

a. A membrana citoplasmática (ver Figura 1.3) é uma bicamada fosfolipídica fluida (ver Figura 1.4) que contém esteróis.

b. A membrana é capaz de endocitose (fagocitose e pinocitose) e exocitose.

-célula procariótica

a. A membrana citoplasmática (Figura 1.3) é uma bicamada fosfolipídica fluida (Figura 1.4) que normalmente não contém esteróis. As bactérias geralmente contêm moléculas semelhantes a esteróis, chamadas hopanóides.

b. A membrana é incapaz de efetuar endocitose e exocitose.

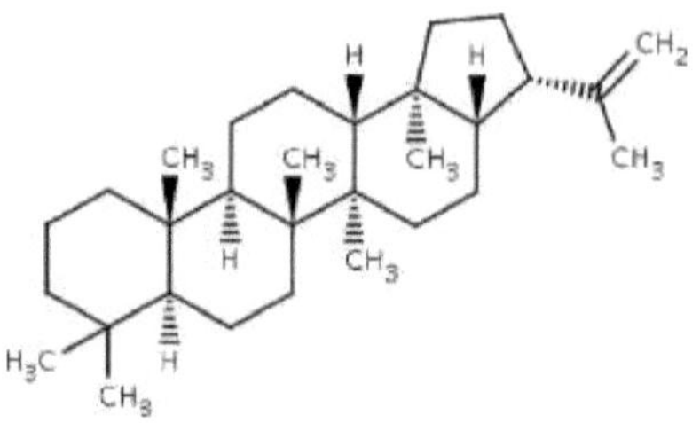

Figura 1.6 Os hopanóides do tipo esterol encontram-se na membrana citoplasmática de muitas bactérias

1.1.4 Estruturas citoplasmáticas

-célula eucariótica

a. Os ribossomas são compostos por uma subunidade 60S e uma subunidade 40S que se juntam durante a síntese proteica para formar um ribossoma 80S.

- Densidade das subunidades ribossómicas: 60S e 40S

b. Estão presentes organelos internos ligados à membrana, como as mitocôndrias, o retículo endoplasmático, o aparelho de Golgi, os vacúolos e os lisossomas (ver Figura 1.3 e Figura 1.4).

c. Os cloroplastos servem como organelos para a fotossíntese.

d. Um fuso mitótico envolvido na mitose está presente durante a divisão celular.

e. O citoesqueleto está presente. Este contém microtúbulos, micofilamentos de actina e filamentos intermédios. Estes, em conjunto, desempenham um papel importante na formação das células, permitindo o movimento celular, o movimento dos organelos no interior da célula e a endocitose, bem como a divisão celular.

-célula procariótica

f. Os ribossomas são compostos por uma subunidade 50S e uma subunidade 30S que se juntam durante a síntese proteica para formar um ribossoma 70S.

- Densidade das subunidades ribossómicas: 50S e 30S

g. Os organelos internos ligados à membrana, como as mitocôndrias, o retículo endoplasmático, o aparelho de Golgi, os vacúolos e os lisossomas, estão ausentes (ver Figura 1.5).

h. Não existem cloroplastos. A fotossíntese ocorre geralmente em dobras ou extensões derivadas da membrana citoplasmática.

i. Não há mitose e não há fuso mitótico.

j. Os vários filamentos estruturais no citoplasma constituem coletivamente o citoesqueleto procariótico. Os filamentos do citoesqueleto desempenham um papel essencial na determinação da forma de uma bactéria (coccus, bacillus ou espiral) e são também críticos no processo de divisão celular por fissão binária e na determinação da polaridade bacteriana.

1.1.5 Enzimas respiratórias e cadeias de transporte de electrões

-célula eucariótica

O sistema de transporte de electrões está localizado na membrana interna das mitocôndrias. Contribui para a produção de moléculas de ATP por quimiosmose.

-célula procariótica

O sistema de transporte de electrões está localizado na membrana citoplasmática. Contribui para a produção de moléculas de ATP através da quimiosmose.

1.1.6 Parede celular

-célula eucariótica

a. As células vegetais, as algas e os fungos têm paredes celulares, geralmente compostas por celulose ou quitina. As paredes das células eucarióticas nunca são compostas por peptidoglicano (ver Figura 1.4).

b. As células animais e os protozoários não têm paredes celulares (ver Figura 1.3).

-célula procariótica

a. Com poucas excepções, os membros do domínio *Bacteria* têm paredes celulares compostas por peptidoglicano (ver Figura 1.5).

b. Os membros do domínio *Archae* têm paredes celulares compostas por proteínas, um hidrato de carbono complexo ou moléculas únicas semelhantes, mas não iguais, ao peptidoglicano.

1.1.7 Organelos locomotores

-célula eucariótica

As células eucarióticas podem ter flagelos ou cílios. Os flagelos e os cílios são organelos envolvidos na locomoção e, nas células eucarióticas, consistem num arranjo distinto de microtúbulos deslizantes rodeados por uma membrana. O arranjo dos microtúbulos é referido como um arranjo 2X9+2.

-célula procariótica

Muitos procariotas têm flagelos, cada um composto por uma única fibrila rotativa e geralmente não rodeado por uma membrana. Não existem cílios.

1.1.8 Organismos representativos

célula eucariótica: O domínio *Eukarya*: animais, plantas, algas, protozoários e fungos (leveduras, bolores, cogumelos).

célula procariótica: O domínio *Bacteria* e o domínio *Archae.*

Uma vez que os vírus são acelulares - não contêm organelos celulares, não podem crescer nem dividir-se e não têm um metabolismo independente - não são considerados nem procarióticos nem eucarióticos. Uma vez que os vírus não são células e não têm organelos celulares, só se podem replicar e montar dentro de uma célula hospedeira viva. Transformam a célula hospedeira numa fábrica para o fabrico de partes virais e enzimas virais e para a montagem dos componentes virais.

Os vírus, que possuem características vivas e não vivas, serão abordados na Unidade 4. Recentemente, os vírus foram declarados como entidades vivas com base no grande número de dobras proteicas codificadas pelos genomas virais que são partilhadas com os genomas das células. Isto indica que os vírus provavelmente surgiram a partir de múltiplas células antigas.

1.2 Núcleo

O núcleo é um organelo essencial responsável pela regulação de quase todas as formas de actividades celulares. Na maioria das vezes, cada tipo de célula existente é classificado com base na ausência ou presença do núcleo na sua célula (classificada como célula procariótica ou eucariótica).

O componente mais integrante da célula é o núcleo (plural: núcleos). Deriva de uma palavra latina que significa "*miolo de uma noz*".

1.2.1 Definição de núcleo

O núcleo é definido como um **organelo celular** eucariótico de dupla membrana que contém o material genético. Um diagrama do núcleo (Figura 1.4) destaca os vários componentes.

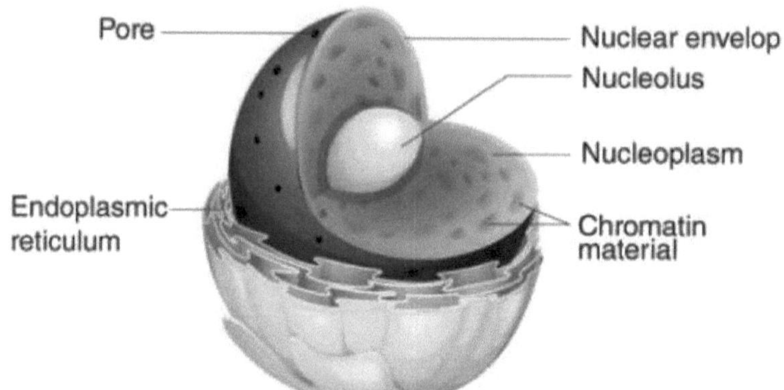

Figura 1.7 Diagrama de um núcleo

Além disso, apenas os eucariotas têm o núcleo, os procariotas têm o nucleoide. Como dito acima, o núcleo é encontrado apenas em eucariotos e é a caraterística que define as células eucarióticas. No entanto, algumas células, como as hemácias, não possuem núcleo, embora sejam originárias de organismos eucarióticos.

1.2 2 Estrutura do núcleo

Normalmente, é o organelo mais evidente na célula.

O núcleo está completamente ligado por membranas.

É envolvido por uma estrutura designada por invólucro nuclear.

A membrana distingue o citoplasma do conteúdo do núcleo

Os cromossomas da célula também estão confinados no seu interior.

O ADN está presente nos cromossomas e estes fornecem a informação genética necessária para a criação de diferentes componentes celulares, para além da reprodução da vida.

1.2.3 Função do núcleo

Seguem-se as funções importantes do núcleo:

- Contém a informação hereditária da célula e controla o seu crescimento e reprodução.
- O núcleo foi claramente explicado como uma estrutura ligada a uma membrana que compreende o material genético de uma célula.
- Não se trata apenas de um compartimento de armazenamento de ADN, mas também de um local onde decorrem alguns processos celulares importantes.

Antes de mais, é possível duplicar o ADN no núcleo. Este processo foi designado por Replicação do ADN e produz uma cópia idêntica do ADN.

A produção de duas cópias idênticas do corpo ou do hospedeiro é o primeiro passo na divisão celular, em que cada nova célula recebe o seu próprio conjunto de instruções.

Em segundo lugar, o núcleo é o local da transcrição. A transcrição cria diferentes tipos de ARN a partir do ADN. A transcrição seria muito semelhante à criação de cópias de páginas individuais das instruções do corpo humano que podem ser deslocadas e lidas pelo resto da célula.

A regra central da biologia diz que o ADN é copiado em ARN e depois em proteínas.

O núcleo é um organelo de dupla membrana que contém o material genético e outras instruções necessárias para os processos celulares. Encontra-se exclusivamente nas células eucarióticas e é também um dos maiores organelos.

1.2.4 Descreva a estrutura do núcleo

O núcleo é envolvido por uma organela de membrana dupla, conhecida como membrana/envelope nuclear. O nucléolo encontra-se no interior do núcleo, ocupando 25% do seu volume. No interior do núcleo encontram-se estruturas densas, semelhantes a fios, conhecidas como cromatinas, que contêm proteínas e ADN. A resistência mecânica do núcleo é fornecida pela matriz nuclear, uma rede de fibras e filamentos que desempenha funções semelhantes às do citoesqueleto.

O núcleo tem duas funções principais:

- É responsável por armazenar o material hereditário da célula ou o ADN.
- É responsável pela coordenação de muitas das actividades celulares importantes, como a síntese de proteínas, a divisão celular, o crescimento e uma série de outras funções importantes.

1.2.5 O núcleo celular

O núcleo é um organelo altamente especializado que serve como centro administrativo e de processamento de informações da célula. Este organelo tem duas funções principais: armazena o material hereditário da célula, ou ADN, e coordena as actividades da célula, que incluem o crescimento, o metabolismo intermédio, a síntese proteica e a reprodução (divisão celular).

Apenas as células de organismos avançados, conhecidos como eucariotas, têm um núcleo. Geralmente, existe apenas um núcleo por célula, mas há excepções, como as células dos bolores viscosos e do grupo de algas Siphonales. Os organismos unicelulares mais simples (procariotas), como as bactérias e as cianobactérias, não têm núcleo. Nesses organismos, todas as informações e funções administrativas da célula estão dispersas no citoplasma.

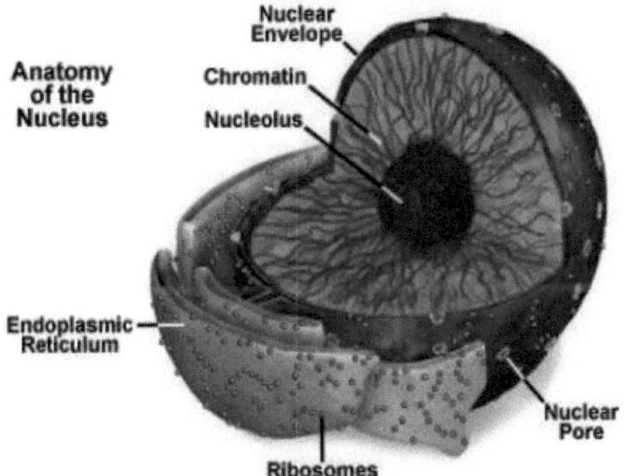

Figura 1.8 O núcleo da célula

Apenas as células de organismos avançados, conhecidos como eucariotas, têm um núcleo. Geralmente, existe apenas um núcleo por célula, mas há excepções, como as células dos bolores viscosos e do grupo de algas Siphonales. Os organismos unicelulares mais simples (procariotas), como as bactérias e as cianobactérias, não têm núcleo. Nesses organismos, todas as informações e funções administrativas da célula estão dispersas no citoplasma.

O núcleo esférico ocupa normalmente cerca de 10 por cento do volume de uma célula eucariótica, o que o torna uma das características mais proeminentes da célula. Uma membrana de dupla camada, o envelope nuclear, separa o conteúdo do núcleo do citoplasma celular. O envelope está cheio de orifícios chamados poros nucleares que permitem a passagem de moléculas de tipos e tamanhos específicos entre o núcleo e o citoplasma. Está também ligado a uma rede de túbulos e sacos, denominada retículo endoplasmático, onde ocorre a síntese proteica, e está normalmente repleto de ribossomas (ver Figura 1).

A matriz semifluida encontrada dentro do núcleo é chamada de nucleoplasma. Dentro do nucleoplasma, a maior parte do material nuclear consiste em cromatina, a forma menos condensada do ADN da célula que se organiza para formar cromossomas durante a mitose ou divisão celular. O núcleo também contém um ou mais nucléolos, organelos que sintetizam conjuntos macromoleculares produtores de proteínas chamados ribossomas, e uma variedade de outros componentes mais pequenos, tais como corpos de Cajal, GEMS (Gemini of coiled bodies) e aglomerados de grânulos de intercromatina.

Cromatina e Cromossomas

No interior do núcleo de cada célula humana há quase 2 metros de ADN, que se divide em 46 moléculas individuais, uma para cada cromossoma e cada uma com cerca de 1,5 centímetros de comprimento. A colocação de todo este material num núcleo celular microscópico é uma proeza extraordinária de acondicionamento. Para que o ADN funcione, não pode ser enfiado no núcleo como um novelo. Em vez disso, é combinado com proteínas e organizado numa estrutura precisa e compacta, uma fibra densa semelhante a um fio, chamada cromatina.

O nucléolo

O nucléolo é uma organela sem membrana dentro do núcleo que fabrica ribossomas, as estruturas produtoras de proteínas da célula. Através do microscópio, o nucléolo parece uma grande mancha escura dentro do núcleo. Um núcleo pode conter até quatro nucléolos, mas em cada espécie o número de nucléolos é fixo. Depois de uma célula se dividir, um nucléolo é formado quando os cromossomas são reunidos em regiões organizadoras nucleolares. Durante a divisão celular, o nucléolo desaparece. Alguns estudos sugerem que o nucléolo pode estar envolvido no envelhecimento celular e, portanto, pode afetar a senescência de um organismo.

O invólucro nuclear

O envelope nuclear é uma membrana de dupla camada que envolve o conteúdo do núcleo durante a maior parte do ciclo de vida da célula. O espaço entre as camadas é chamado de espaço perinuclear e parece se conectar com o retículo endoplasmático rugoso. O envelope é perfurado por pequenos orifícios chamados poros nucleares. Estes poros regulam a passagem de moléculas entre o núcleo e o citoplasma, permitindo que algumas passem através da membrana, mas não outras. A superfície interna possui um revestimento protéico chamado lâmina nuclear, que se liga à cromatina e a outros componentes nucleares. Durante a mitose, ou divisão celular, o invólucro nuclear desintegra-se, mas reforma-se quando as duas células completam a sua formação e a cromatina começa a desfazer-se e a dispersar-se.

Poros nucleares

O envelope nuclear é perfurado por orifícios chamados poros nucleares. Estes poros regulam a passagem de moléculas entre o núcleo e o citoplasma, permitindo que algumas passem através da membrana, mas não outras. Os blocos de construção do ADN e do ARN podem entrar no núcleo, bem como as moléculas que fornecem a energia para a construção do material genético.

1.3 Citoplasma

Citoplasma é um termo engraçado. O que é que "cyto" significa? "Cyto" significa "célula", "plasm" significa "material", por isso é "material celular". Pensem numa célula como um grande balão de água, e o balão de água tem pequenos pedaços de fruta a flutuar lá dentro. E o citoplasma é a água no balão de água, e é um pouco mais espesso do que a água, mas constitui a maior parte do interior da maioria das células. Agora, dentro da célula, dentro desse balão de água, há um núcleo e há outros chamados organelos, como as mitocôndrias, ou lisossomas, ou o retículo endoplasmático e outros organelos impronunciáveis, mas o citoplasma é o oceano em que todos estes organelos flutuam.

1.3.1 Definição

O citoplasma é o líquido gelatinoso que preenche o interior de uma célula. É composto de água, sais e várias moléculas orgânicas. Alguns organelos intracelulares, como o núcleo e as mitocôndrias, estão envolvidos por membranas que os separam do citoplasma. O citoplasma é uma substância fluida que preenche as células. Os organelos e as estruturas celulares estão suspensos no citoplasma.

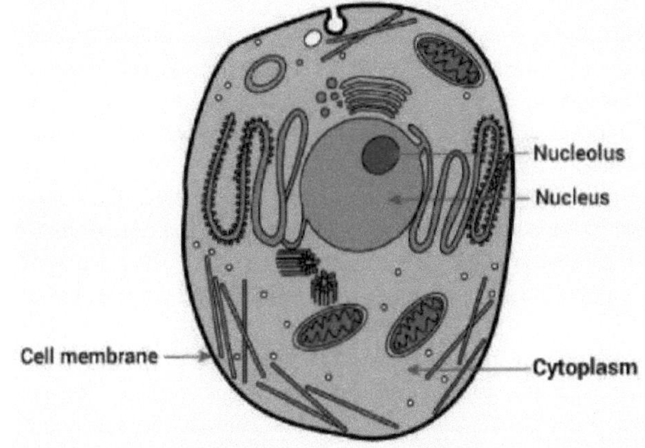

Figura 1.9 Diagrama de célula

1.3.2 Estrutura do citoplasma

Os organelos celulares são várias estruturas existentes no interior das células. Todas estas estruturas são distintas e desempenham funções específicas. As células têm três elementos principais: a membrana plasmática, o citoplasma e o núcleo.

A membrana plasmática ou membrana celular é uma camada membranosa bi-lipídica que separa os organelos celulares do seu ambiente exterior e das diferentes células. É o revestimento externo de uma célula onde estão encerradas todas as diferentes partes, incluindo o citoplasma e o núcleo.

A seguir, encontra-se o núcleo, um dos maiores organelos. Tem o controlo exclusivo da célula. Por fim, o citoplasma é um material gelatinoso no qual estão implantados os organelos celulares.

O citoplasma é um componente essencial da célula. É um material gelatinoso semi-líquido, que une o núcleo e a membrana celular. Na célula, o citoplasma está embebido, enquanto outros **organelos celulares**, como o retículo endoplasmático, as mitocôndrias, os ribossomas, os vacúolos, etc., estão suspensos no seu interior.

Pode ser facilmente examinada ao microscópio através da técnica de coloração.

Funcionalmente, é o local de várias reacções químicas dentro de uma célula. A maior parte do metabolismo celular ocorre aqui.

1.3.3 Função do citoplasma

Uma das principais funções do citoplasma é permitir que as células mantenham a sua turgidez, o que permite que as células mantenham a sua forma. Outras funções do citoplasma são as seguintes:

O fluido gelatinoso do citoplasma é composto por sal e água e está presente no interior da membrana das células e envolve todas as partes das células e organelos.

O citoplasma é a sede de muitas actividades da célula, uma vez que contém moléculas, enzimas que são cruciais na decomposição dos resíduos.

O citoplasma também contribui para as actividades metabólicas.

O citoplasma dá forma à célula. Enche as células, permitindo assim que os organelos se mantenham na sua posição. Sem citoplasma, as células esvaziam-se e as substâncias não passam facilmente de um organelo para outro.

Uma parte do citoplasma, o citosol não tem organelos. Em vez disso, o citosol é delimitado por uma matriz que preenche a secção da célula que não contém os organelos.

Todo o conteúdo celular de uma célula viva é chamado protoplasma. O citoplasma, o núcleo e todos os outros componentes vivos da célula constituem o protoplasma de uma célula.

1.3.4 Protoplasma

O protoplasma é geralmente designado como a parte viva da célula. É a substância gelatinosa e incolor composta por macromoléculas, água e uma mistura de pequenas moléculas. Pode ser definido como a substância inorgânica e orgânica que constitui o citoplasma, o núcleo, as mitocôndrias e os plastídeos da célula. É a principal substância responsável por todos os processos vivos.

O componente primário do protoplasma é o citoplasma que se situa entre o núcleo e a membrana celular nas células eucarióticas. Contém todos os organelos. Regula o ambiente da célula e mantém a forma da célula. Armazena as substâncias e os produtos químicos necessários ao organelo.

O segundo componente do protoplasma é o núcleo, que contém o material genético de um organismo e está situado no núcleo. O núcleo contém os ribossomas que são necessários e cruciais para a síntese de proteínas nas células. Mas no caso dos procariotas, o nucleoide está presente no lugar do núcleo, onde toda a informação genética está presente. No entanto, não possui uma membrana nuclear; por isso, o termo protoplasma não se aplica. Os elementos que constituem o protoplasma são as gorduras, as proteínas, as enzimas, as hormonas, etc., que se encontram suspensas ou dissolvidas no componente fluido do protoplasma.

1.3.5 Núcleo

O núcleo é um elemento importante das células. É uma organela ligada à membrana que se encontra normalmente nas células eucarióticas. Os eucariotas têm normalmente um único núcleo, enquanto alguns tipos de células não possuem núcleo (hemácias - glóbulos vermelhos).

1.4 Membrana plasmática

A membrana plasmática, também designada por membrana celular, é a membrana que se encontra em todas as células e que separa o interior da célula do ambiente exterior. Nas células bacterianas e vegetais, uma parede celular está ligada à membrana plasmática na sua superfície externa. A membrana plasmática é constituída por uma bicamada lipídica semipermeável. A membrana plasmática regula o transporte de materiais que entram e saem da célula.

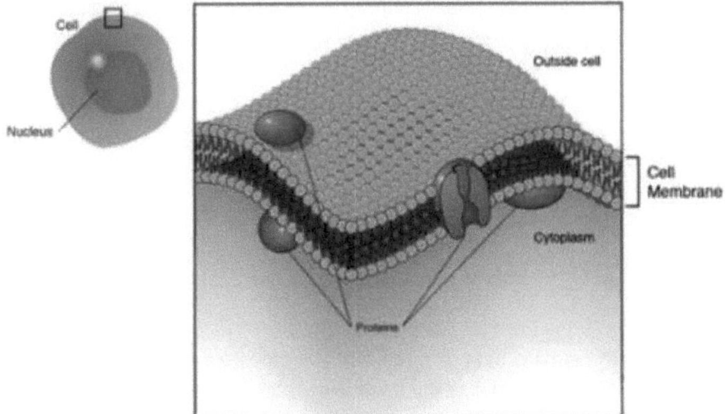

Figura 1.10 A membrana plasmática

A membrana plasmática, ou membrana celular, protege a célula. Também proporciona um ambiente fixo no interior da célula. E essa membrana tem várias funções diferentes. Uma delas é o transporte de nutrientes para a célula e também o transporte de substâncias tóxicas para fora da célula. Outra é que a membrana da célula, que seria a membrana plasmática, terá proteínas que interagem com outras células. Essas proteínas podem ser glicoproteínas, o que significa que há um açúcar e uma proteína, ou podem ser proteínas lipídicas, o que significa que há uma gordura e uma proteína. As proteínas que ficam fora da membrana plasmática permitem que uma célula interaja com outra célula. A membrana celular também fornece algum suporte estrutural para uma célula. E existem diferentes tipos de membranas plasmáticas em diferentes tipos de células, e a membrana plasmática tem, em geral, muito colesterol como componente lipídico. Isso é diferente de algumas outras membranas dentro da célula. Agora, há diferentes plantas e diferentes micróbios, como bactérias e algas, que têm diferentes mecanismos de proteção. De facto, têm uma parede celular no seu exterior, e essa parede é muito mais resistente e estruturalmente mais sólida do que a membrana plasmática.

1.4.1 Estrutura da membrana plasmática

Tal como todas as outras membranas celulares, a membrana plasmática é constituída por lípidos e proteínas. A estrutura fundamental da membrana é a bicamada fosfolipídica, que forma uma barreira estável entre dois compartimentos aquosos. No caso da membrana plasmática, estes compartimentos são o interior e o exterior da célula. As proteínas incorporadas na bicamada fosfolipídica desempenham as funções específicas da membrana plasmática, incluindo o transporte seletivo de moléculas e o reconhecimento célula-célula.

A membrana plasmática é a mais estudada de todas as membranas celulares, e foi em grande parte através de investigações da membrana plasmática que os nossos conceitos actuais de estrutura das membranas evoluíram. As membranas plasmáticas dos glóbulos vermelhos dos mamíferos (eritrócitos) têm sido particularmente úteis como modelo para estudos da estrutura das membranas. Os glóbulos vermelhos dos mamíferos não contêm núcleos nem membranas internas, pelo que representam uma fonte a partir da qual podem ser facilmente isoladas membranas plasmáticas puras para análise bioquímica. De facto, os estudos da membrana plasmática dos glóbulos vermelhos forneceram a primeira prova de que as membranas biológicas são constituídas por bicamadas lipídicas. Em 1925, dois cientistas holandeses (E.

Gorter e R. Grendel) extraíram os lípidos da membrana de um número conhecido de glóbulos vermelhos, correspondendo a uma área de superfície conhecida da membrana plasmática. Em seguida, determinaram a área de superfície ocupada por uma monocamada do lípido extraído, espalhada numa interface ar-água. A área de superfície da monocamada lipídica revelou-se duas vezes superior à ocupada pelas membranas plasmáticas dos eritrócitos, o que levou a concluir que as membranas eram constituídas por bicamadas lipídicas e não por monocamadas. As membranas plasmáticas das células animais contêm quatro fosfolípidos principais

Fosfatidilcolina

Fosfatidiletanolamina

Fosfatidilserina

e esfingomielina,

que, em conjunto, representam mais de metade dos lípidos da maior parte das membranas. Estes fosfolípidos estão distribuídos assimetricamente entre as duas metades da bicamada da membrana (Figura 1.11). O folheto externo da membrana plasmática é constituído principalmente por fosfatidilcolina e esfingomielina, enquanto a fosfatidiletanolamina e a fosfatidilserina são os fosfolípidos predominantes do folheto interno. Um quinto fosfolípido, o fosfatidilinositol, está também localizado na metade interna da membrana plasmática. Embora o fosfatidilinositol seja um componente quantitativamente menor da membrana, ele desempenha um papel importante na sinalização celular, conforme discutido no próximo capítulo. Os grupos de cabeça da fosfatidilserina e do fosfatidilinositol têm carga negativa, pelo que a sua predominância no folheto interno resulta numa carga negativa líquida na face citosólica da membrana plasmática.

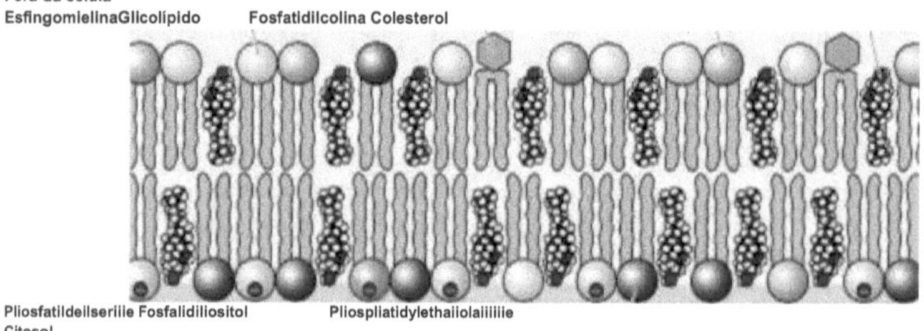

Figura 1.11 A bicamada da membrana

1.4.2 Componentes lipídicos da membrana plasmática

Para além dos fosfolípidos,

as membranas plasmáticas das células animais contêm glicolípidos e colesterol.

Os glicolípidos encontram-se exclusivamente no folheto externo da membrana plasmática, com as suas porções de hidratos de carbono expostas na superfície celular.

São componentes de membrana relativamente pouco importantes, constituindo apenas cerca de 2% dos lípidos da maioria das membranas plasmáticas. O colesterol, por outro lado, é um dos principais constituintes das membranas das células animais, estando presente em quantidades molares aproximadamente iguais às dos fosfolípidos.

Duas características gerais das bicamadas de fosfolípidos são fundamentais para o funcionamento das membranas.

Em primeiro lugar, a estrutura dos fosfolípidos é responsável pela função básica das membranas como barreiras entre dois compartimentos aquosos. Uma vez que o interior da bicamada de fosfolípidos é ocupado por cadeias hidrofóbicas de ácidos gordos, a membrana é impermeável a moléculas solúveis em água, incluindo iões e a maioria das moléculas biológicas.

Em segundo lugar, as bicamadas dos fosfolípidos naturais são fluidos viscosos e não sólidos. Os ácidos gordos da maioria dos fosfolípidos naturais têm uma ou mais ligações duplas, que introduzem dobras nas cadeias de hidrocarbonetos e dificultam o seu agrupamento. Assim, as longas cadeias de hidrocarbonetos dos ácidos gordos movem-se livremente no interior da membrana, pelo que a própria membrana é macia e flexível. Além disso, tanto os fosfolípidos como as proteínas são livres de se difundirem lateralmente na membrana - uma propriedade que é crítica para muitas funções da membrana. Devido à sua estrutura anelar rígida, o colesterol desempenha um papel distinto na estrutura da membrana. O colesterol não forma uma membrana por si só, mas insere-se numa bicamada de fosfolípidos com o seu grupo hidroxilo polar próximo dos grupos de cabeça dos fosfolípidos (ver Figura 1.11).

Dependendo da temperatura, o colesterol tem efeitos distintos na fluidez da membrana. A altas temperaturas, o colesterol interfere com o movimento das cadeias de ácidos gordos dos fosfolípidos, tornando a parte exterior da membrana menos fluida e reduzindo a sua permeabilidade a pequenas moléculas. A baixas temperaturas, no entanto, o colesterol tem o efeito oposto:

Ao interferir com as interacções entre as cadeias de ácidos gordos, o colesterol impede que as membranas congelem e mantém a fluidez das membranas. Embora o colesterol não esteja presente nas bactérias, é um componente essencial das membranas plasmáticas das células animais. As células vegetais também não possuem colesterol, mas contêm compostos relacionados (esteróis) que desempenham uma função semelhante.

Estudos recentes sugerem que nem todos os lípidos se difundem livremente na membrana plasmática. Em vez disso, domínios discretos da membrana parecem ser enriquecidos em colesterol e esfingolípidos (esfingomielina e glicolípidos).

Pensa-se que estes aglomerados de esfingolípidos e colesterol formam "jangadas" que se deslocam lateralmente na membrana plasmática e podem associar-se a proteínas específicas da membrana. Embora as funções das jangadas lipídicas ainda não sejam conhecidas, podem desempenhar um papel importante em processos como a sinalização celular e a absorção de moléculas extracelulares por endocitose.

1.4.3 Proteínas de membrana

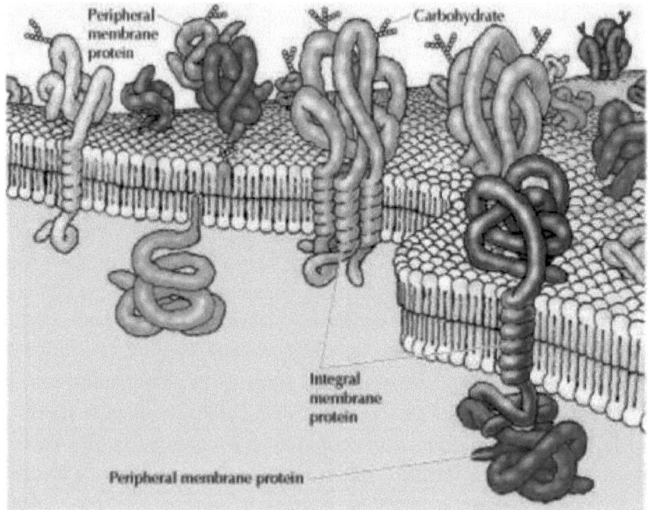

Figura 1.12 Modelo em mosaico fluido da membrana plasmática

Enquanto os lípidos são os elementos estruturais fundamentais das membranas, as proteínas são responsáveis pela execução de funções específicas das membranas. A maioria das membranas plasmáticas é constituída por aproximadamente 50% de lípidos e 50% de proteínas em peso, com as porções de hidratos de carbono dos glicolípidos e das glicoproteínas a constituírem 5 a 10% da massa da membrana. Como as proteínas são muito maiores do que os lípidos, esta percentagem corresponde a cerca de uma molécula de proteína por cada 50 a 100 moléculas de lípido. Em 1972, Jonathan Singer e Garth Nicolson propuseram o modelo de mosaico fluido da estrutura da membrana, que é agora geralmente aceite como o paradigma básico para a organização de todas as membranas biológicas. Neste modelo, as membranas são vistas como fluidos bidimensionais em que as proteínas estão inseridas em bicamadas lipídicas (Figura 1.12).

Singer e Nicolson distinguiram duas classes de proteínas associadas à membrana, que designaram por proteínas de membrana periféricas e integrais. As proteínas de membrana periféricas foram operacionalmente definidas como proteínas que se dissociam da membrana após tratamentos com reagentes polares, tais como soluções de pH extremo ou de elevada concentração salina, que não rompem a bicamada fosfolipídica. Uma vez dissociadas da membrana, as proteínas da membrana periférica são solúveis em tampões aquosos. Estas proteínas não estão inseridas no interior hidrofóbico da bicamada lipídica. Em vez disso, estão indiretamente associadas às membranas através de interacções proteína-proteína. Estas interacções envolvem frequentemente ligações iónicas, que são perturbadas por pH extremo ou sal elevado.

1.5 Definição de mitocôndria

"As mitocôndrias são organelos ligados à membrana, presentes no citoplasma de todas as células eucarióticas, que produzem trifosfato de adenosina (ATP), a principal molécula de energia utilizada pela célula. "

Popularmente conhecida como a "**casa de força da célula**", a mitocôndria (singular:

mitocôndrio) é uma organela ligada a uma membrana dupla que se encontra na maioria dos organismos eucariotas. Encontram-se no interior do citoplasma e funcionam essencialmente como o "sistema digestivo" da célula.

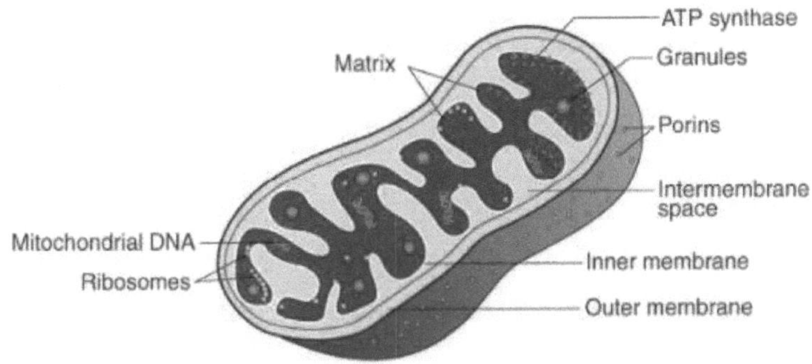

Figura 1.13 Mitocôndrias

Desempenham um papel importante na decomposição dos nutrientes e na produção de moléculas ricas em energia para a célula. Muitas das reacções bioquímicas envolvidas na respiração celular ocorrem no interior das mitocôndrias. O termo "mitocôndria" deriva das palavras gregas "***mitos***" e "***chondrion***", que significam "**fio**" e "**semelhante a grânulos**", respetivamente. Foi descrita pela primeira vez por um patologista alemão chamado Richard Altmann no ano de 1890.

1.5.1 Estrutura da mitocôndria

A mitocôndria é uma estrutura com duas membranas, em forma de bastonete, que se encontra tanto nas **células** vegetais como nas **células animais.**

O seu tamanho varia entre 0,5 e 1,0 micrómetros de diâmetro. A estrutura compreende uma membrana externa, uma membrana interna e um material semelhante a um gel, denominado matriz. A membrana externa e a membrana interna são constituídas por proteínas e camadas de fosfolípidos separadas pelo espaço intermembranar.

A membrana externa cobre a superfície da mitocôndria e tem um grande número de proteínas especiais conhecidas como porinas.

Cristae

A membrana interna da mitocôndria tem uma estrutura bastante complexa. Tem muitas dobras que formam uma estrutura em camadas chamada cristae, o que ajuda a aumentar a área de superfície dentro da organela. As cristas e as proteínas da membrana interna ajudam na produção de moléculas de ATP. A membrana mitocondrial interna é estritamente permeável apenas ao oxigénio e às moléculas de ATP. Várias reacções químicas têm lugar no interior da membrana interna das mitocôndrias.

Matriz mitocondrial

A matriz mitocondrial é um fluido viscoso que contém uma mistura de enzimas e proteínas. Também inclui ribossomas, iões inorgânicos, ADN mitocondrial, cofactores nucleótidos e moléculas orgânicas. As enzimas presentes na matriz desempenham um papel importante na síntese das moléculas de ATP.

1.5.2 Funções das mitocôndrias

A função mais importante da mitocôndria é a produção de energia através do processo de

fosforilação oxidativa. Também está envolvida nos seguintes processos: Regula a atividade metabólica da célula

Favorece o crescimento de novas células e a multiplicação celular

Ajuda a desintoxicar o amoníaco nas células do fígado

Desempenha um papel importante na apoptose ou morte celular programada

Responsável pela construção de certas partes do sangue e de várias hormonas como a testosterona e o estrogénio

Ajuda a manter uma concentração adequada de iões de cálcio nos compartimentos da célula

Está também envolvida em várias actividades celulares, como a diferenciação celular, a sinalização celular, a senescência celular, o controlo do ciclo celular e também o crescimento celular.

Doenças associadas à mitocôndria

Qualquer irregularidade no funcionamento das mitocôndrias pode afetar diretamente a saúde humana, mas muitas vezes é difícil de identificar porque os sintomas diferem de pessoa para pessoa. As perturbações das mitocôndrias podem ser bastante graves; em alguns casos, podem mesmo provocar a falência de um órgão.

Doenças mitocondriais: Doença de Alpers, Síndrome de Barth, Síndrome de Kearns-Sayre (KSS)

1.6 Ribossomas, peroxissomas, lisozomas

As principais funções dos seguintes elementos: (a) ***ribossoma,*** (b) lisossoma, (d) ***peroxissoma*** serão aqui discutidas.

1.6.1 Ribossomas

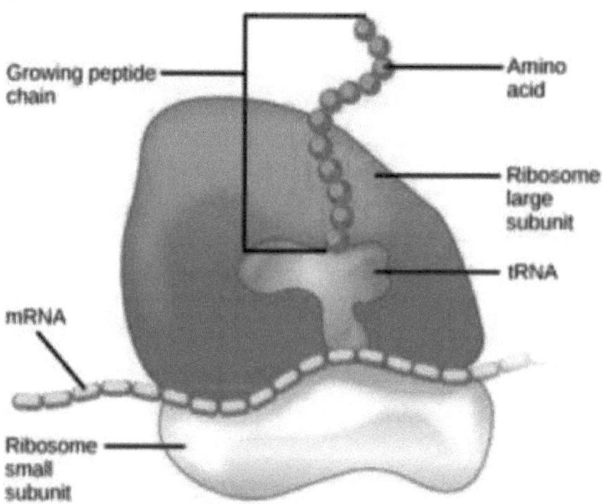

Figura 1.14 Os ribossomas são constituídos por uma subunidade grande (em cima) e uma subunidade pequena (em baixo). ***Durante a síntese proteica, os ribossomas juntam aminoácidos em proteínas.***

Os ribossomas são as estruturas celulares responsáveis pela síntese proteica. Quando observados através de um microscópio eletrónico, os ribossomas aparecem como aglomerados (polirribossomas) ou como pontos únicos e minúsculos que flutuam livremente no citoplasma. Podem estar ligados ao lado citoplasmático da membrana plasmática ou ao lado citoplasmático do retículo endoplasmático e à membrana externa do envelope nuclear. A microscopia eletrónica mostrou-nos que os ribossomas, que são grandes complexos de proteínas e ARN, são constituídos por duas subunidades, apropriadamente designadas por grande e pequena (Figura 1). Os ribossomas recebem as suas "ordens" para a síntese de proteínas a partir do núcleo, onde o ADN é transcrito em ARN mensageiro (ARNm). O ARNm viaja para os ribossomas, que traduzem o código fornecido pela sequência das bases azotadas no ARNm numa ordem específica de aminoácidos numa proteína. Os aminoácidos são os blocos de construção das proteínas.

Como a síntese de proteínas é uma função essencial de todas as células, os ribossomas encontram-se em praticamente todas as células. Os ribossomas são particularmente abundantes nas células que sintetizam grandes quantidades de proteínas. Por exemplo, o pâncreas é responsável pela criação de várias enzimas digestivas e as células que produzem estas enzimas contêm muitos ribossomas. Assim, vemos outro exemplo de forma seguindo a função.

As mitocôndrias (singular = *mitocôndrio*) são frequentemente designadas por "centrais eléctricas" ou "fábricas de energia" de uma célula, porque são responsáveis pela produção de trifosfato de adenosina (ATP), a principal molécula de transporte de energia da célula. O ATP representa a energia armazenada a curto prazo da célula.

A respiração celular é o processo de produção de ATP utilizando a energia química encontrada na glucose e noutros nutrientes. Nas mitocôndrias, este processo utiliza oxigénio e produz dióxido de carbono como produto residual. De facto, o dióxido de carbono que exalamos em cada respiração provém das reacções celulares que produzem dióxido de carbono como subproduto.

De acordo com o nosso tema da forma seguindo a função, é importante salientar que as células musculares têm uma concentração muito elevada de mitocôndrias que produzem ATP. As células musculares precisam de muita energia para manter o corpo em movimento. Quando as células não recebem oxigénio suficiente, não produzem uma grande quantidade de ATP. Em vez disso, a pequena quantidade de ATP que produzem na ausência de oxigénio é acompanhada pela produção de ácido lático.

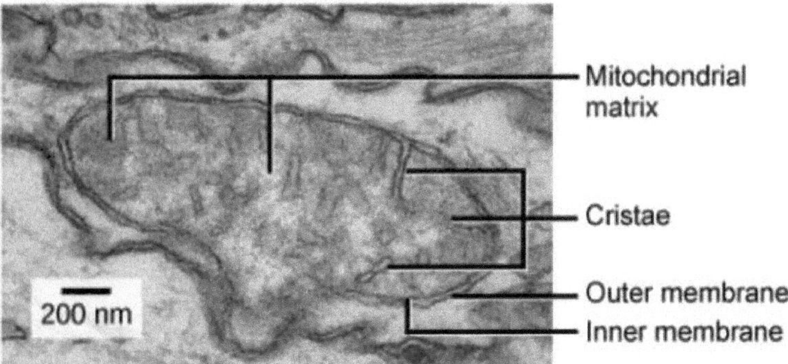

Figura 1.15 Esta micrografia eletrónica mostra uma mitocôndria vista com um microscópio eletrónico de transmissão.

Este organelo tem uma membrana externa e uma membrana interna. A membrana interna contém dobras, chamadas cristas, que aumentam a sua área de superfície. O espaço entre as duas membranas é chamado de espaço intermembranar, e o espaço dentro da membrana interna é chamado de matriz mitocondrial.

A síntese de ATP tem lugar na membrana interna.

As mitocôndrias são organelos de membrana dupla, de forma oval (Figura 1.14), que possuem o seu próprio ADN e ribossomas (falaremos destes mais tarde!). Cada membrana é uma bicamada fosfolipídica com proteínas. A camada interna tem dobras chamadas cristas. A área circundada pelas dobras é chamada de matriz mitocondrial. As cristas e a matriz têm papéis diferentes na respiração celular.

1.6.2 Peroxissomas

Os peroxissomas são organelos pequenos e redondos envolvidos por membranas simples. Realizam reacções de oxidação que decompõem os ácidos gordos e os aminoácidos. Também desintoxicam muitos venenos que podem entrar no organismo. Muitas destas reacções de oxidação libertam peróxido de hidrogénio, **H2O2**, que seria prejudicial para as células; no entanto, quando estas reacções estão confinadas aos peroxissomas, as enzimas decompõem o H2O2 em oxigénio e água. Por exemplo, o álcool é desintoxicado pelos peroxissomas nas células do fígado. Os glioxissomas, que são peroxissomas especializados nas plantas, são responsáveis pela conversão de gorduras armazenadas em açúcares.

1.6.3 A diferença entre lisossomas e ribossomas é fácil de compreender

Antes de mais, ambos são organelos celulares presentes em quase todos os organismos vivos. São
integral para os processos e funções celulares.

Diferença entre lisossomas e ribossomas	
Lisossomas	**Ribossomas**
Natureza da membrana	
Os lisossomas são organelos ligados a membranas	Tecnicamente, os ribossomas não estão ligados à membrana e não existe uma separação entre eles e os outros organelos celulares. No entanto, quando os ribossomas produzem certas proteínas, tornam-se organelos ligados à membrana, ligando-se ao retículo endoplasmático
Ocorrência	
Os lisossomas são menos comuns nas plantas. No entanto, são bastante abundantes nos animais	Quase todos os organismos vivos têm ribossomas - os eucariotas têm ribossomas 80S, enquanto os procariotas têm ribossomas 70S mais pequenos
Função	
Os lisossomas decompõem as células velhas/em mau funcionamento. Este organelo também destrói agentes patogénicos estranhos, como bactérias e vírus	Os ribossomas são responsáveis pela síntese de proteínas. São também muito importantes no processo de tradução

Os lisossomas são organelos ligados à membrana que contêm enzimas digestivas capazes de quebrar
destruir células velhas/em mau funcionamento, bem como destruir agentes patogénicos estranhos.

Os ribossomas são também organelos que se encontram a flutuar livremente ou ligados ao retículo endoplasmático (RE). O principal papel deste organelo celular é a produção de proteínas.

Assim, podemos inferir que tanto os ribossomas como os lisossomas são organelos importantes que desempenham funções muito distintas.

1.7 Transcrição e tradução

A transcrição é a síntese de ARN a partir de um modelo de ADN em que o código no ADN é convertido num código de ARN complementar.

A tradução é a síntese de uma proteína a partir de um modelo de ARNm, em que o código no ARNm é convertido numa sequência de aminoácidos numa proteína.

Quadro comparativo

Transcrição	Transcrição	Tradução
Objetivo	O objetivo da transcrição é fazer cópias de ARN de genes individuais que a célula pode utilizar na bioquímica.	O objetivo da tradução é sintetizar proteínas, que são utilizadas para milhões de funções celulares.
Definição	Utiliza os genes como modelos para produzir várias formas funcionais de ARN	A tradução é a síntese de uma proteína a partir de um modelo de ARNm. Esta é a segunda etapa da expressão génica. Utiliza o rRNA como montador; e o tRNA como tradutor para produzir uma proteína.
Produtos	mRNA, tRNA, rRNA e RNA não codificante (como microRNA)	Proteínas
Processamento de produtos	É adicionado um cap 5', é adicionada uma cauda poli A 3' e os intrões são separados.	Ocorre uma série de modificações pós-traducionais, incluindo fosforilação, SUMOilação, pontes dissulfureto e farnesilação.
Localização	Núcleo	Citoplasma
Iniciação	Ocorre quando a proteína RNA polimerase se liga ao promotor no DNA e forma um complexo de iniciação da transcrição. O promotor orienta o local exato para o início da transcrição.	Ocorre quando as subunidades do ribossoma, os factores de iniciação e o ARNt se ligam ao ARNm perto do códão de início AUG.
Rescisão	A transcrição do ARN é libertada e a polimerase separa-se do ADN. O ADN volta a enrolar-se numa dupla hélice e mantém-se inalterado durante todo este processo.	Quando o ribossoma encontra um dos três códons de paragem, desmonta o ribossoma e liberta o polipéptido.
Alongamento	A polimerase do ARN alonga-se na direção 5' --> 3'	O aminoacil t-RNA que chega liga-se ao códão no sítio A e forma-se uma ligação peptídica entre o novo aminoácido e a cadeia em crescimento. O péptido move-se então uma posição do códão para se preparar para o aminoácido seguinte.

		Prossegue então na direção 5' para 3'.
Antibióticos	A transcrição é inibida pela rifampicina e pela 8-hidroxiquinolina.	A tradução é inibida pela anisomicina, ciclohexímida, cloranfenicol, tetraciclina, estreptomicina, eritromicina e puromicina.
Localização	Encontrado no citoplasma dos procariotas e no núcleo dos eucariotas	Encontrado no citoplasma dos procariotas e nos ribossomas dos eucariotas no retículo endoplasmático

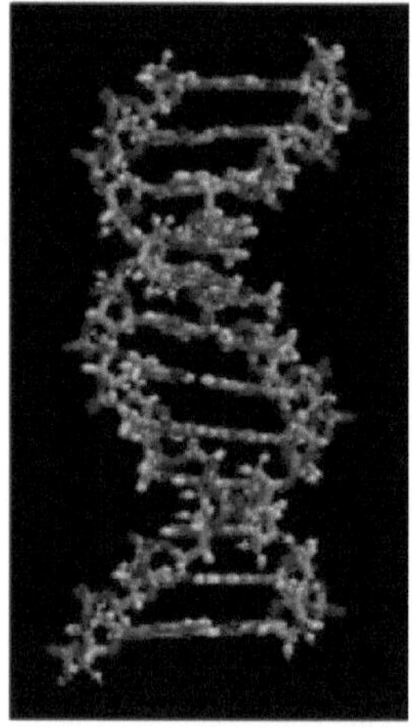

Figura 1.16 Estrutura do ADN

Nos procariotas, tanto a transcrição como a tradução ocorrem no citoplasma, devido à ausência de núcleo. Nos eucariotas, a transcrição ocorre no núcleo e a tradução ocorre nos ribossomas presentes na membrana endoplasmática rugosa no citoplasma.

Factores

A transcrição é realizada pela RNA polimerase e outras proteínas associadas, denominadas factores de transcrição. Pode ser induzida, como se vê na regulação espácio-temporal de genes de desenvolvimento, ou consitutiva, como se vê no caso de genes de manutenção da casa, como o Gapdh.

A tradução é efectuada por uma estrutura de várias subunidades denominada ribossoma, que é constituída por ARNr e proteínas.

Iniciação

A transcrição inicia-se com a ligação da RNA polimerase à região promotora no ADN. Os factores de transcrição e a RNA polimerase que se ligam ao promotor formam um complexo de iniciação da transcrição. O promotor é constituído por uma região central, como a caixa TATA, onde o complexo se liga. É nesta fase que a RNA polimerase desenrola o ADN.

A tradução inicia-se com a formação do complexo de iniciação. A subunidade do ribossoma, três factores de iniciação (IF1, IF2 e IF3) e o ARNt portador de metionina ligam-se ao ARNm perto do códão de início AUG.

Alongamento

Durante a transcrição, a polimerase do ARN, após as tentativas iniciais abortadas, atravessa a cadeia de ADN modelo na direção 3' a 5', produzindo uma cadeia de ARN complementar na direção 5' a 3'. À medida que a polimerase de ARN avança, a cadeia de ADN que foi transcrita rebobina-se para formar uma dupla hélice.

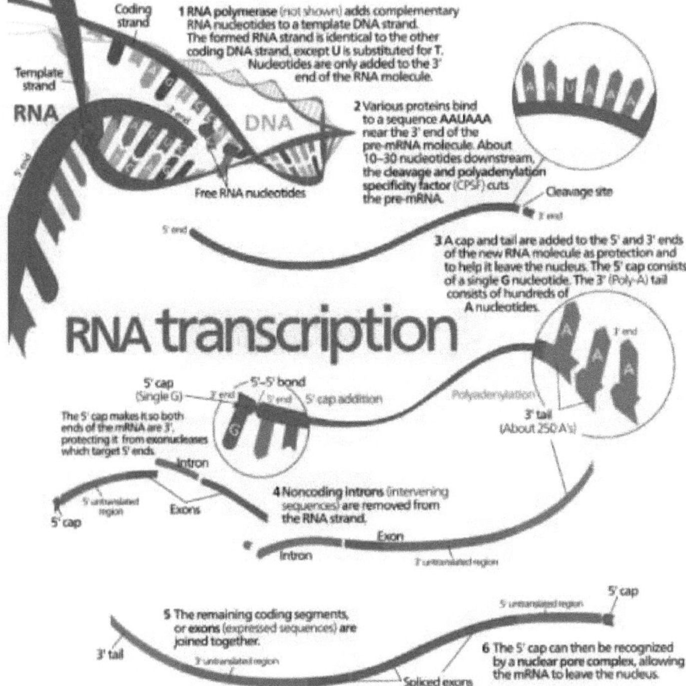

Figura 1.17 O processo de transcrição

1.7.1 O processo de transcrição

Durante a tradução, o ARN-t de aminoacilo que chega liga-se ao códão (sequências de 3 nucleótidos) no local A e forma-se uma ligação peptídica entre o novo aminoácido e a cadeia em crescimento. O péptido move-se então uma posição do códão para se preparar para o aminoácido seguinte. O processo prossegue, portanto, na direção 5' para 3'.

Rescisão

A terminação da transcrição em procariotas pode ser independente de Rho, onde se forma um loop de hairpin rico em GC, ou dependente de Rho, onde um fator proteico Rho desestabiliza a interação ADN-ARN. Nos eucariotas, quando uma sequência de terminação é encontrada, o transcrito nascente de ARN é libertado e é poli-adenilado.

Na tradução, quando o ribossoma encontra um dos três codões de paragem, desmonta o ribossoma e liberta o polipéptido.

Produto final

O produto final da transcrição é um transcrito de RNA que pode formar qualquer um dos seguintes tipos de RNA: mRNA, tRNA, rRNA e RNA não codificante (como o microRNA). Normalmente, nos procariotas, o ARNm formado é policistrónico e nos eucariotas é monocistrónico.

O produto final da tradução é uma cadeia polipeptídica que se dobra e sofre modificações pós-tradução para formar uma proteína funcional.

1.7.2 O processo de tradução ou síntese proteica

Modificação pós-processo

Durante a modificação pós-transcricional em eucariotas, é adicionado um cap 5', uma cauda poli 3' e os intrões são separados. Nos procariotas este processo está ausente.

Ocorre uma série de modificações pós-traducionais, incluindo fosforilação, SUMOilação, formação de pontes dissulfureto, farnesilação, etc.

Antibióticos

A transcrição é inibida pela rifampicina (antibacteriano) e pela 8-hidroxiquinolina (antifúngico).

A tradução é inibida pela anisomicina, cicloheximida, cloranfenicol, tetraciclina, estreptomicina, eritromicina e puromicina.

Métodos de medição e deteção

Para a transcrição, RT-PCR, microarray de ADN, hibridação in situ, Northern blot, RNA-Seq são frequentemente utilizados para medição e deteção. Para a tradução, utiliza-se o western blotting, o immunoblotting, o ensaio enzimático, a sequenciação de proteínas, a marcação metabólica e a proteómica para a medição e deteção.

O dogma central de Crick: DNA ---> Transcrição ---> RNA ---> Tradução ---> Proteína

Código genético utilizado durante a tradução:

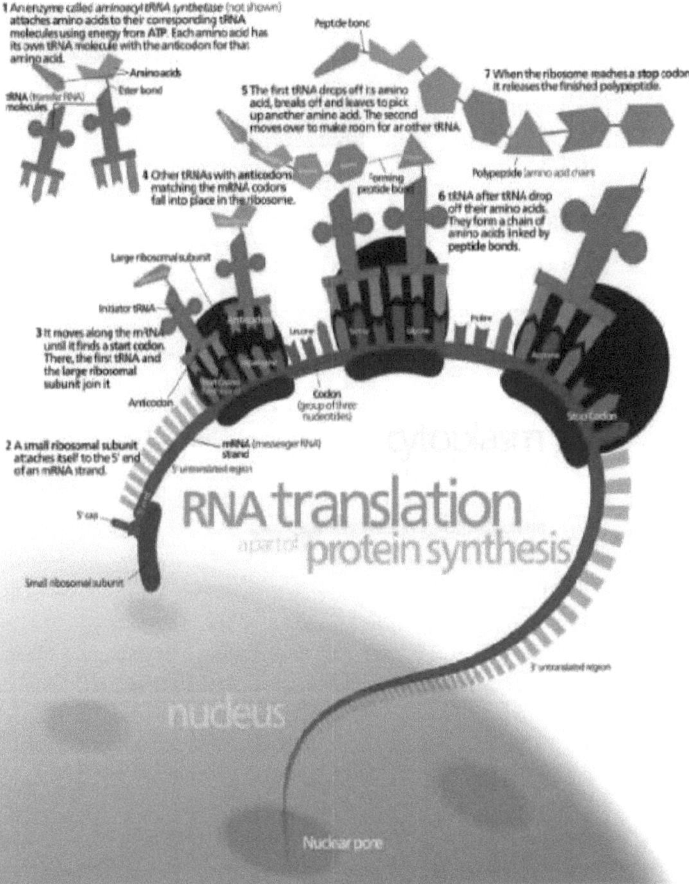

Figura 1.18 O processo de tradução ou síntese proteica

Gráfico do código genético universal

Códons de RNA mensageiro e aminoácidos para os quais codificam

Universal Genetic Code Chart
Messenger RNA Codons and Amino Acids for Which They Code

First base	Second base: U	Second base: C	Second base: A	Second base: G	Third base
U	UUU, UUC PHE UUA, UUG LEU	UCU, UCC, UCA, UCG SER	UAU, UAC TYR UAA, UAG STOP	UGU, UGC CYS UGA STOP UGG TRP	U C A G
C	CUU, CUC, CUA, CUG LEU	CCU, CCC, CCA, CCG PRO	CAU, CAC HIS CAA, CAG GLN	CGU, CGC, CGA, CGG ARG	U C A G
A	AUU, AUC, AUA ILE AUG MET or START	ACU, ACC, ACA, ACG THR	AAU, AAC ASN AAA, AAG LYS	AGU, AGC SER AGA, AGG ARG	U C A G
G	GUU, GUC, GUA, GUG VAL	GCU, GCC, GCA, GCG ALA	GAU, GAC ASP GAA, GAG GLU	GGU, GGC, GGA, GGG GLY	U C A G

Quadro 1.2

2 Biologia molecular

A biologia molecular é o ramo da biologia que procura compreender a base molecular da atividade biológica nas células e entre elas, incluindo a síntese, a modificação, os mecanismos e as interacções biomoleculares. O estudo da estrutura química e física das macromoléculas biológicas é conhecido como biologia molecular. O domínio da biologia molecular centra-se especialmente nos ácidos nucleicos (por exemplo, ADN e ARN) e nas proteínas - macromoléculas essenciais aos processos vitais - e na forma como estas moléculas interagem e se comportam no interior das células.

2.1 História da Biologia Molecular

Apesar da sua proeminência nas ciências da vida contemporâneas, a biologia molecular é uma disciplina relativamente jovem, com origem nas décadas de 1930 e 1940 e que se institucionalizou nas décadas de 1950 e 1960. Não deve surpreender, portanto, que muitas das questões filosóficas da biologia molecular estejam intimamente ligadas a esta história recente. Esta secção esboça quatro facetas do desenvolvimento da biologia molecular: as suas origens, o seu período clássico, a sua migração subsequente para outros domínios biológicos e a sua viragem mais recente para a genómica e a pós-genómica.

2.2 Origens

O domínio da biologia molecular surgiu da convergência do trabalho de geneticistas, físicos e químicos estruturais sobre um problema comum: a natureza da herança. No início do século XX, embora o campo nascente da genética fosse orientado pelas leis de Mendel da segregação e da seleção independente, os mecanismos reais de reprodução, mutação e expressão dos genes permaneciam desconhecidos. A cristalografia de raios X permitiu aos biólogos moleculares investigar a estrutura das macromoléculas.

Alfred Hershey e Martha Chase (1952) utilizaram vírus de fagos para confirmar que o material genético transmitido de geração em geração era o ADN e não as proteínas (ver Experiência Hershey-Chase em Outros recursos da Internet). Muller (1927) utilizou os raios X para intervir e alterar a função dos genes, revelando assim a aplicação de métodos da física a um domínio biológico. Para Schroedinger, a biologia devia ser reduzida aos princípios mais fundamentais da física, enquanto Delbrueck resistia a essa redução e procurava o que tornava a biologia única. A passagem de Muller da genética mendeliana para o estudo da estrutura dos genes levanta a questão da relação entre os conceitos de gene encontrados nestes domínios distintos da genética.

E a importação de métodos experimentais da física para a biologia levantou a questão da relação entre essas disciplinas.

2.3 Conceitos de biologia molecular

Os conceitos de *mecanismo*, *informação* e *gene são* todos muito importantes na história da biologia molecular. Os filósofos, por sua vez, dedicaram muita atenção a estes conceitos para compreenderem como foram, são e devem ser utilizados.

2.3.1 Mecanismo

Os biólogos moleculares descobrem e explicam através da identificação e elucidação de mecanismos, como a replicação do ADN, a síntese de proteínas e a miríade de mecanismos de expressão genética. A expressão "teoria da biologia molecular" não foi utilizada acima e por uma boa razão; o conhecimento geral neste domínio é representado por diagramas de mecanismos (Machamer, Darden e Craver 2000; Darden 2006a, 2006b; Craver e Darden 2013; Baetu 2017). Descobrir o mecanismo que produz um fenómeno é um feito importante por várias razões. Em primeiro lugar, o conhecimento de um mecanismo mostra como algo funciona: mecanismos elucidados proporcionam compreensão. Em segundo lugar, saber como um mecanismo funciona permite fazer previsões com base na regularidade dos mecanismos. Por exemplo, saber como funciona o mecanismo de emparelhamento de bases do ADN numa espécie permite fazer previsões sobre o seu funcionamento noutras espécies, mesmo que as condições ou os dados sejam alterados. Em terceiro lugar, o conhecimento dos mecanismos permite potencialmente intervir para alterar o que o mecanismo produz, manipular as suas partes para construir ferramentas experimentais ou reparar um mecanismo avariado ou doente. Em suma, o conhecimento dos mecanismos elucidados permite a compreensão, a previsão e o controlo. Dada a importância geral dos mecanismos e o facto de estes desempenharem um papel tão central no domínio da biologia molecular, não é surpreendente que os filósofos da biologia tenham sido pioneiros na análise do conceito de mecanismo.

Existem três posições sobre a relação entre a informação e o mundo natural:

- A informação está presente no ADN e noutras sequências de nucleótidos. Outros mecanismos celulares não contêm informação.
- A informação está presente no ADN, noutras sequências de nucleótidos e noutros mecanismos celulares, por exemplo, proteínas citoplasmáticas ou extracelulares; e em muitos outros meios, por exemplo, o ambiente embrionário ou componentes do ambiente mais vasto de um organismo.
- O ADN e outras sequências de nucleótidos não contêm informação, nem quaisquer outros mecanismos celulares.

2.4 Dogma central

Em biologia molecular, o dogma central ilustra o fluxo de informação genética do ADN para o ARN e para a proteína. É definido como um processo no qual a informação contida no ADN é convertida num produto funcional.

Sugere-se que a informação presente no ADN é essencial para a constituição de todas as proteínas e o ARN actua como um mensageiro que transporta a informação através dos ribossomas.

"O dogma central é o processo em que a informação genética passa do ADN para o ARN, para produzir uma proteína funcional."

O dogma central ilustra o fluxo de informação genética nas células, a replicação do ADN, a codificação do ARN através do processo de transcrição e a posterior codificação do ARN para as proteínas através da tradução.

O conceito de uma sequência de interação pode ser entendido através do quadro. A mais comum inclui os biopolímeros. A principal categoria de biopolímeros inclui as proteínas, o ARN e o ADN, que se dividem em transferências gerais, transferências desconhecidas e transferências especiais.

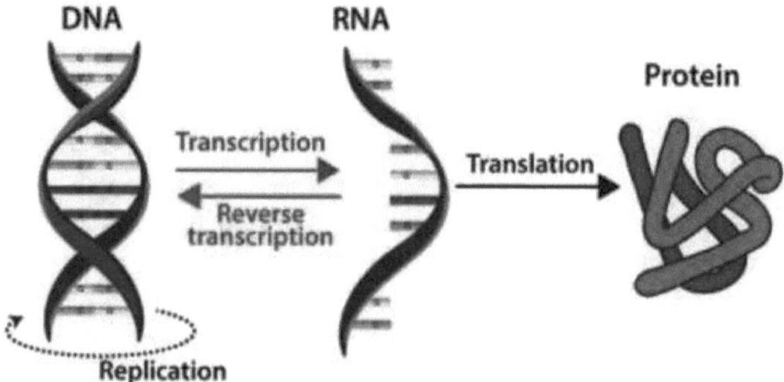

Figura 2.1 Dogma central: DNA para RNA Proteína

As transferências especiais ocorrem num caso excecional no laboratório. A transferência geral ocorre em quase todas as células. Descreve o fluxo regular de informação através da transcrição e da tradução. Diz-se que as transferências desconhecidas nunca ocorrem.

As novas cadeias de ADN são formadas, com uma cadeia do ADN parental e a outra é sintetizada de novo, este processo é chamado replicação semiconservativa do ADN.

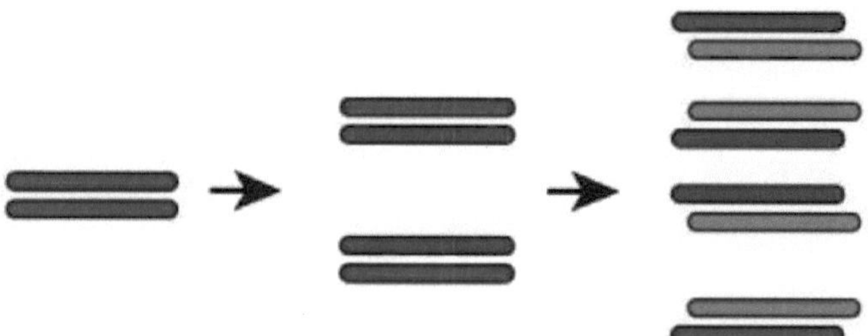

Figura 2.2 Replicação semiconservativa do ADN

2.4.1 Etapas do dogma central

O dogma central desenvolve-se em duas etapas diferentes:

- ***Transcrição***

A transcrição é o processo pelo qual a informação é transferida de uma cadeia de ADN para ARN pela enzima ARN polimerase.

A cadeia de ADN que passa por este processo é constituída por três partes, nomeadamente o promotor, o gene estrutural e um terminador.

A cadeia de ADN que sintetiza o ARN é designada por cadeia molde e a outra cadeia é designada por cadeia codificadora.
A RNA polimerase dependente de DNA liga-se ao promotor e catalisa a polimerização na direção 3' a 5'.
Quando se aproxima da sequência terminadora, termina e liberta a cadeia de ARN recém-sintetizada. A cadeia de ARN recém-libertada sofre ainda modificações pós-transcricionais.

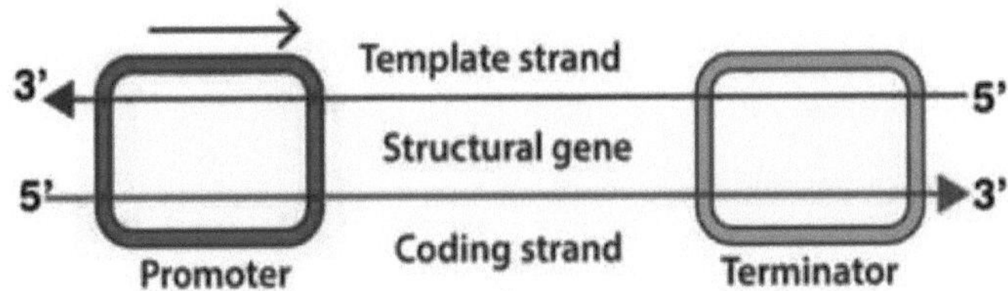

Figura 2.3 Unidade de transcrição

- ***Tradução***

A tradução é o processo através do qual o ARN codifica proteínas específicas. É um processo ativo que requer energia. Esta energia é fornecida pelas moléculas de ARNt carregadas.
Os ribossomas iniciam o processo de tradução. Os ribossomas são constituídos por uma subunidade maior e uma subunidade mais pequena. A subunidade maior, por sua vez, consiste em duas moléculas de ARNt colocadas suficientemente perto para que a ligação peptídica possa ser formada à custa de energia suficiente.
O ARNm entra na subunidade mais pequena, que é então retida pelas moléculas de ARNt do códão complementar presente na subunidade maior. Assim, dois códons são retidos por duas moléculas de ARNt colocadas próximas uma da outra e forma-se uma ligação peptídica entre elas.
À medida que este processo se repete, são sintetizadas longas cadeias polipeptídicas de aminoácidos.

2.5 Código genético

O código genético contém a informação da proteína fabricada a partir do ARN. Existem basicamente três nucleótidos e quatro bases azotadas que, em conjunto, formam um códão tripleto que codifica um aminoácido. Assim, o número de aminoácidos possíveis é de 4 x 4 x 4 = 64 aminoácidos. Existem 20 aminoácidos naturalmente existentes. O código genético é degenerado. Este facto foi explicado pelas características do código genético, segundo as quais alguns aminoácidos são codificados por mais do que um códão, o que provoca a sua degenerescência.

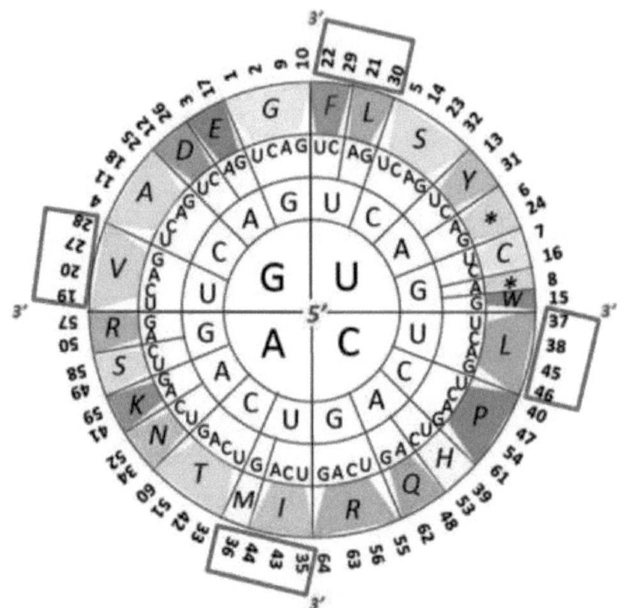

Figura 2.4 Código genético

Cada codão codifica apenas um aminoácido específico e os códigos são universais, independentemente do tipo de organismo.

Dos 64 códons, 3 são códons de paragem que interrompem o processo de transcrição e um dos códons é um códon iniciador, ou seja, AUG, que codifica a metionina.

Sintetizar uma proteína com a ajuda da informação contida no ARN é semelhante a traduzir uma língua para outra. Uma linguagem de quatro letras é traduzida para uma linguagem de 20 letras durante a síntese da proteína. Deve haver uma relação específica entre as quatro bases do ADN e a sequência de 20 aminoácidos na proteína.

O código genético pode ser definido como o conjunto de determinadas regras através das quais as células vivas traduzem a informação codificada no material genético (sequências de ADN ou ARNm). Os ***ribossomas*** são responsáveis pela realização do processo de tradução. Ligam os aminoácidos numa ordem especificada pelo ARNm (ARN mensageiro), utilizando moléculas de ARNt (ARN de transferência) para transportar os aminoácidos e ler o ARNm três nucleótidos de cada vez.

2.5.1 Tabela de códigos genéticos

O conjunto completo de relações entre os ***aminoácidos*** e os ***códons*** é considerado um código genético que é frequentemente resumido numa tabela. Pode verificar-se que muitos aminoácidos são representados na tabela por mais do que um codão. Por exemplo, há seis formas de escrever leucina na linguagem do ARNm.

Nota: *Um **codão** é uma sequência de três nucleótidos que, em conjunto, formam uma unidade de código genético numa*

Molécula de ADN ou ARN.

SEGUNDA CARTA

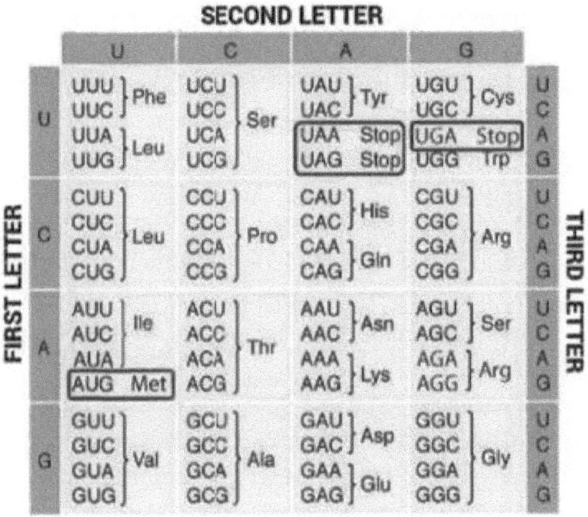

SECOND LETTER

FIRST LETTER	U	C	A	G	THIRD LETTER
U	UUU Phe	UCU Ser	UAU Tyr	UGU Cys	U
	UUC Phe	UCC Ser	UAC Tyr	UGC Cys	C
	UUA Leu	UCA Ser	UAA Stop	UGA Stop	A
	UUG Leu	UCG Ser	UAG Stop	UGG Trp	G
C	CUU Leu	CCU Pro	CAU His	CGU Arg	U
	CUC Leu	CCC Pro	CAC His	CGC Arg	C
	CUA Leu	CCA Pro	CAA Gln	CGA Arg	A
	CUG Leu	CCG Pro	CAG Gln	CGG Arg	G
A	AUU Ile	ACU Thr	AAU Asn	AGU Ser	U
	AUC Ile	ACC Thr	AAC Asn	AGC Ser	C
	AUA Ile	ACA Thr	AAA Lys	AGA Arg	A
	AUG Met	ACG Thr	AAG Lys	AGG Arg	G
G	GUU Val	GCU Ala	GAU Asp	GGU Gly	U
	GUC Val	GCC Ala	GAC Asp	GGC Gly	C
	GUA Val	GCA Ala	GAA Glu	GGA Gly	A
	GUG Val	GCG Ala	GAG Glu	GGG Gly	G

Tabela 2.1 Tabela de códigos genéticos

Um ponto-chave do código genético é o seu carácter universal. Isto indica que praticamente todas as espécies, com pequenas excepções, utilizam o código genético para a síntese de proteínas. Por outras palavras, o código genético é definido como a sequência de nucleótidos da base no ADN que é traduzida numa sequência de aminoácidos da proteína a ser sintetizada.

2.5.2 Propriedades do código genético

- Código do tripleto
- Não ambíguo e universal
- Código degenerado
- Código não sobreposto
- Sem compromisso
- Códons de início e de paragem
- Polaridade

Estas propriedades do código genético são explicadas de seguida.

- ***Código do tripleto***

Um códão ou palavra-código é definido como um grupo de bases que especifica um aminoácido. Existem fortes evidências que provam que uma sequência de três nucleótidos codifica um aminoácido na proteína, ou seja, o código é um ***tripleto***.

As quatro bases dos nucleótidos, ou seja, (A, G, C e U) são utilizadas para produzir códons de três bases. Os 64 codões envolvem codões de sentido (que especificam aminoácidos). Assim, existem 64 codões para 20 aminoácidos, uma vez que cada codão para um aminoácido significa que existem mais do que códigos para o mesmo aminoácido.

- ***Código Commaless***

Não há espaço para pontuação entre eles, o que indica que cada códon é adjacente ao anterior sem nenhum nucleótido entre eles.

- ***Código não sobreposto***

O código é lido sequencialmente num grupo de três e um nucleótido que se torne parte de um tripleto nunca se torna parte do tripleto seguinte.

Por exemplo

Códigos 5'-UCU-3' para Serina

5'-AUG-3' codifica a metionina

- ***Polaridade***

Cada tripleto é lido na direção 5' → 3' e a base inicial é a 5', seguida da base do meio e da última base que é a 3'. Isto implica que os códons têm uma ***polaridade fixa*** e, se o códon for lido na direção inversa, a sequência de bases do códon inverter-se-á e especificará duas proteínas diferentes.

- ***Código degenerado***

Todos os aminoácidos, exceto o triptofano (UGG) e a metionina (AUG), são codificados por vários códons, ou seja, alguns códons são sinónimos e este aspeto é conhecido como a ***degenerescência do código genético***. Por exemplo, o UGA codifica o triptofano nas mitocôndrias da levedura.

- ***Códons de início e de paragem***

Geralmente, o ***codão AUG*** é o codão de iniciação ou de arranque. A cadeia polipeptídica começa com eucariotas (metionina) ou procariotas (N-formilmetionina).

Por outro lado, ***UAG, UAA*** e ***UGA*** são designados por codões de terminação ou codões de paragem. Estes não são lidos por nenhuma molécula de ARNt e nunca codificam nenhum aminoácido.

- ***Não ambíguo e universal***

O código genético não é ambíguo, o que significa que um determinado códão apenas codifica um determinado aminoácido. Além disso, o mesmo código genético é válido para todos os organismos, ou seja, é universal.

- ***Excepções ao Código***

O código genético é universal, uma vez que códons semelhantes são atribuídos a aminoácidos idênticos, juntamente com sinais START e STOP semelhantes na maioria dos genes em microorganismos e plantas. No entanto, foram descobertas algumas excepções e a maioria delas inclui a atribuição de um ou dois dos códons STOP a um aminoácido.

Além disso, ambos os códons ***GUG*** e ***AUG*** podem codificar a metionina como códon inicial, embora GUG seja destinado à valina. Este facto quebra a propriedade de não ambiguidade. Assim, pode dizer-se que poucos códigos diferem frequentemente do código universal ou do código não ambíguo.

2.6 Gene e Operão

Um **gene** é **a unidade física e funcional básica da hereditariedade**. Os genes são constituídos por ADN.

Alguns genes funcionam como instruções para produzir moléculas chamadas proteínas. No entanto, muitos genes não codificam proteínas. Nos seres humanos, o tamanho dos genes varia entre algumas centenas de bases de ADN e mais de 2 milhões de bases.

Um operão é um conjunto de genes que são transcritos em conjunto para dar origem a uma única molécula de ARN mensageiro (ARNm), que codifica, portanto, várias proteínas.

2.6.1 Genes

Toda a sequência de ácido nucleico necessária para a síntese de um polipéptido funcional ou de uma molécula de ARN. Assim, um gene contém informação de sequência adicional para além da que codifica os aminoácidos de uma proteína ou os nucleótidos de uma molécula de ARN. O gene também contém o ADN necessário para produzir uma determinada transcrição.

As regiões de controlo da transcrição podem ser remotas em relação à região codificadora (da ordem de Kb's ou 10's de Kb's de distância).

2.6.2 Operões

A maioria dos genes procarióticos não tem intrões (sequência de ADN intermédia). Nos procariotas, os genes que codificam proteínas com relações numa via metabólica formam *Operões* - que produzem *mRNAs policistrónicos.*

Um operão é, no ADN bacteriano, um conjunto de genes contíguos transcritos a partir de um promotor que dá origem a um ARNm policistrónico.

Um promotor é uma sequência de ADN à qual a RNA polimerase se liga antes do início da transcrição - normalmente encontra-se a montante do local de início da transcrição de um gene

Por exemplo, *Trp* Operon - envolvido na biossíntese do aminoácido triptofano:

Uma consequência da disposição dos genes das bactérias em operões é que *o nível de ARNm para cada um dos genes no operão é exatamente o mesmo.*

Os ribossomas transcrevem a partir do início de cada gene e não apenas a partir do primeiro gene.

Outra consequência da disposição dos genes bacterianos em operões é que uma mutação a montante (ou seja, possivelmente inibindo a transcrição) pode impedir que os genes "a jusante" sejam transcritos e expressos. A maioria das unidades de transcrição eucarióticas produz mRNAs *monocistrónicos* (ou seja, codificam apenas uma proteína). Existe uma diferença fundamental entre os processos de tradução dos procariotas e dos eucariotas:

Nos procariotas, os ribossomas podem ligar-se a sequências de reconhecimento específicas em qualquer parte do ARNm (denominadas sítios de ligação dos ribossomas ou sítios "Shine-Dalgarno").

Nos eucariotas, os ribossomas ligam-se através da interação com a região 5' especificamente modificada (o chamado *sítio 5' cap*) das moléculas de ARNm. A maioria dos ARNm eucarióticos são, portanto, *monocistrónicos*. As mutações nas unidades de transcrição eucarióticas simples afectam apenas uma proteína.

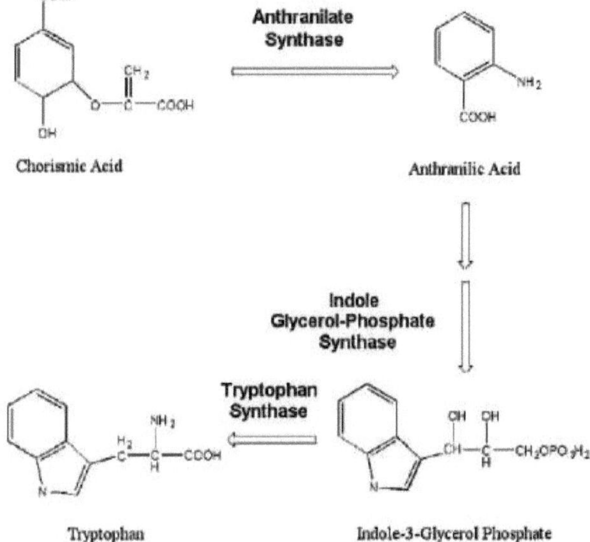

Figura 2.5 Via química do operão trp

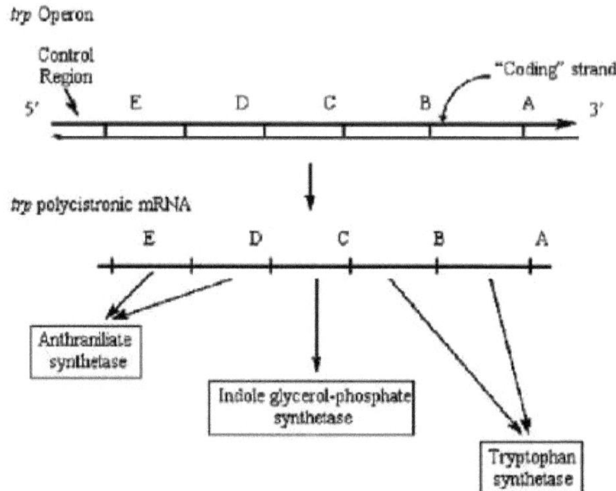

***Figura 2.6** Operão Trp no ADN/ARN*

2.7 Estrutura do ADN e do ARN

O ADN (ácido desoxirribonucleico) e o ARN (ácido ribonucleico) são compostos por duas classes diferentes de bases azotadas: as purinas e as pirimidinas. As purinas mais comuns no ADN são a adenina e a guanina.

Os nucleótidos estão dispostos em duas longas cadeias que formam uma espiral designada por dupla hélice. A estrutura da dupla hélice assemelha-se a uma escada, com os pares de bases a formarem os degraus da escada e as moléculas de açúcar e fosfato a formarem as peças laterais verticais da escada.

Os ácidos nucleicos, o ácido desoxirribonucleico (ADN) e o ácido ribonucleico (ARN), **transportam a informação genética que é lida nas células para produzir o ARN e as proteínas através dos quais os seres vivos funcionam.** A estrutura bem conhecida da dupla hélice do ADN permite que esta informação seja copiada e transmitida à geração seguinte.

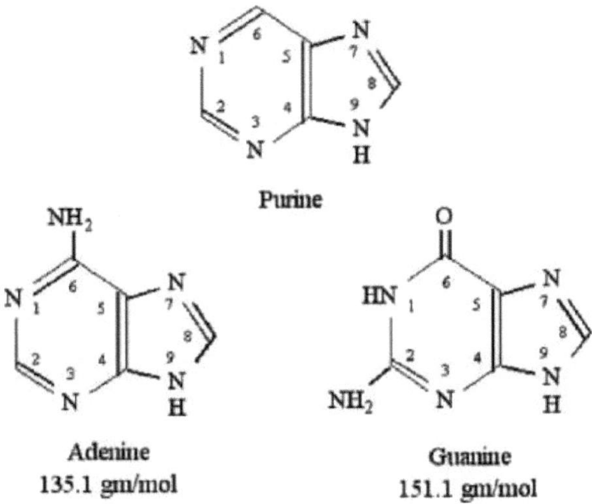

Figura 2.7 Purinas

As pirimidinas mais comuns no ADN são a citosina e a timina:
O ADN é constituído por uma estrutura complexa de dupla hélice, ao passo que o ARNm é sobretudo uma molécula de cadeia simples. A principal diferença entre o ADN e o ARNm é o facto de o ADN ser a principal biomolécula responsável pela continuidade da vida, enquanto o ARNm é responsável pela síntese de proteínas.
O ADN e o ARN são polímeros de nucleótidos praticamente idênticos, com exceção dos pares de bases. O ADN contém timina, enquanto que no ARN a mesma é substituída por uracilo. O ARN é **tipicamente de cadeia simples e é constituído por ribonucleótidos que estão ligados por ligações fosfodiéster**. Um ribonucleótido na cadeia de ARN contém ribose (o açúcar pentose), uma das quatro bases azotadas (A, U, G e C) e um grupo fosfato.

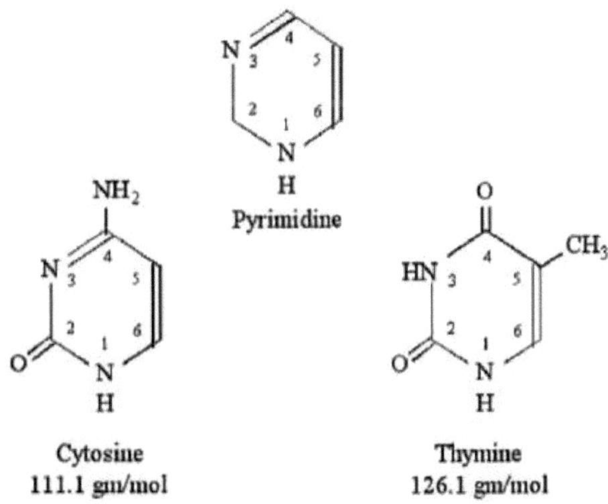

Figura 2.8 Piramidinas

O ARN contém as mesmas bases que o ADN, com exceção da timina. Em vez disso, o ARN contém a pirimidina uracilo:

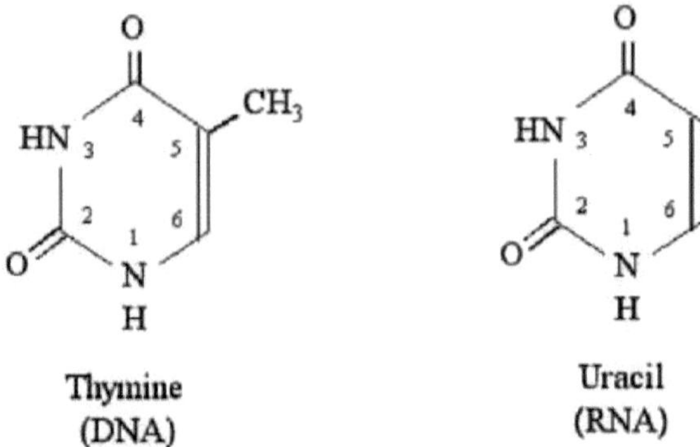

Figura 2.9 Timina vs. Uracilo

A adenina, a guanina, a citosina, a timina e o uracilo são normalmente abreviados utilizando os códigos de uma só letra A, G, C, T e U, respetivamente.

As purinas e as pirimidinas podem formar ligações químicas com açúcares pentose (5 carbonos). Os átomos de carbono dos açúcares são designados por 1', 2', 3', 4' e 5'. É o carbono 1' do açúcar que se liga ao átomo de azoto na posição N1 de uma pirimidina ou N9 de uma purina. Os precursores do ADN contêm a pentose desoxirribose. Os precursores do ARN contêm a pentose ribose (que contém um grupo OH adicional na posição 2'):

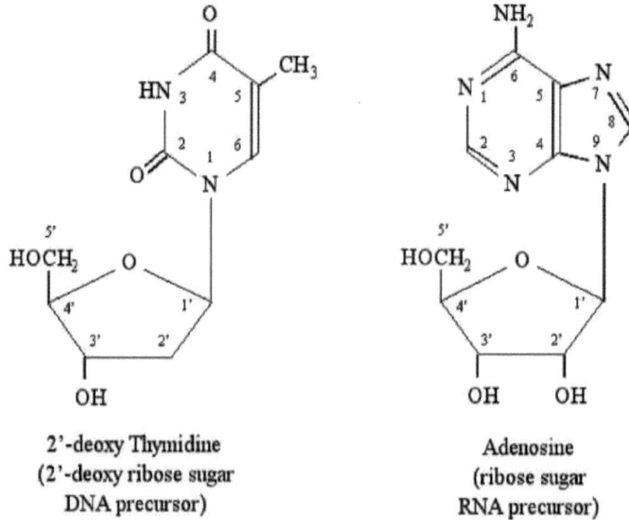

Figura 2.10 Nucleósidos

Antes de um nucleósido poder fazer parte de uma molécula de ADN ou ARN, tem de se complexar com um grupo fosfato para formar um nucleótido (um desoxirribonucleótido ou um ribonucleótido). Os nucleótidos podem ter 1, 2 ou 3 grupos fosfato, por exemplo, os nucleótidos adenosina monofosfato (AMP), adenosina difosfato (ADP) e adenosina trifosfato (ATP).

Os grupos fosfato estão ligados ao carbono 5' da porção de açúcar da ribose. Começando pelo grupo fosfato ligado ao carbono 5' da ribose, são designados por □ , □ e □ fosfato. É o nucleótido tri-fosfato que é incorporado no ADN ou ARN.

O ADN e o ARN são simplesmente longos polímeros de nucleótidos chamados polinucleótidos.

Apenas o fosfato é incluído no polímero. Este fica quimicamente ligado ao carbono 3' do açúcar de outro nucleótido: (Figura 2.12)

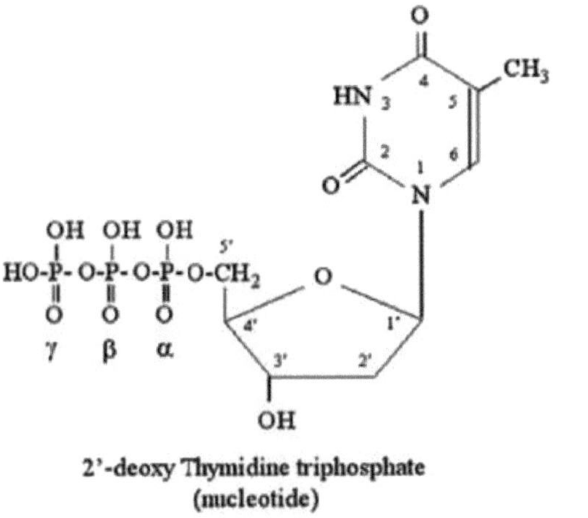

2'-deoxy Thymidine triphosphate (nucleotide)

Figura 2.11 Nucleótido

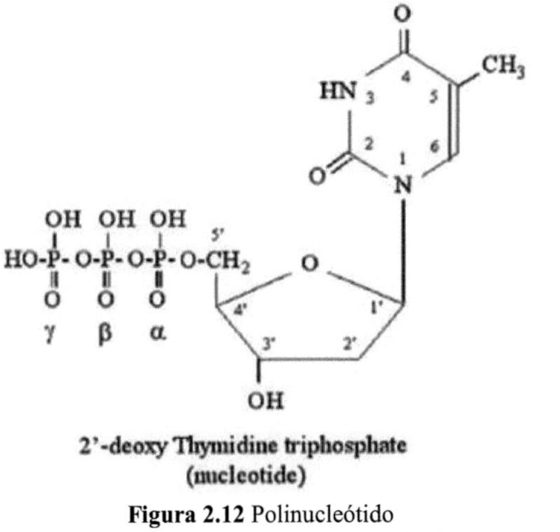

2'-deoxy Thymidine triphosphate (nucleotide)

Figura 2.12 Polinucleótido

Por outras palavras, o polinucleótido está ligado por uma série de ligações fosfato de 5' a 3'. Observe a sequência das bases no diagrama acima. As sequências de polinucleótidos são referenciadas na direção 5' a 3'.

Normalmente, os polinucleótidos contêm um fosfato 5' e grupos terminais hidroxilo 3'. A representação comum dos polinucleótidos é a de uma seta com a extremidade 5' à esquerda e a extremidade 3' à direita.

Resumo dos termos:

Base	Nucleósido	Nucleótido	ARN (monofosfato)	ADN (monofosfato)	Código
Adenina	Adenosina	(Ácido adenílico)	AMP	dAMP	A
Guanina	Guanosina	(Ácido guanílico)	BPF	dGMP	G
Citosina	Citidina	(Ácido citidílico)	CMP	dCMP	C
Timina	Timidina	(Ácido timidílico)		dTMP	T
Uracilo	Uridina	(Ácido uridílico)	UMP		U

Qual é a estrutura do ADN? Como é que a estrutura está relacionada com a função? 1950's

A estrutura química primária dos polinucleótidos era conhecida (ou seja, a ligação fosfato 3'-5').

1951 E. Chargaff

A experiência: Pegar no ADN de uma variedade de espécies e hidrolisá-lo para obter pirimidinas e purinas individuais. Determine as concentrações relativas das bases A, T, C e G.

Resultado: *Apesar de as diferentes espécies apresentarem rácios de pirimidinas ou purinas exclusivamente diferentes, as concentrações relativas de adenina são sempre iguais às de timina e as de guanina são iguais às de citosina.*

Lei de Chargaff: A=T, G=C

1950's R.E. Franklin

Estudos de difração de raios X de fibras de ADN demonstraram que o ADN adoptava uma estrutura helicoidal altamente ordenada. Franklin concluiu que duas ou mais cadeias tinham de se enrolar em torno umas das outras para formar uma hélice. Algumas dimensões básicas da hélice foram calculadas a partir dos dados de difração de raios X.

1953 L. Pauling e R.B. Corey

Proponha uma estrutura helicoidal de três cadeias para o ADN com a espinha dorsal de fosfato no centro e as bases no exterior.

1953 J.D. Watson e F.H.C. Crick

Identificou um arranjo de ligações de hidrogénio entre modelos das bases timina e adenina, e entre as bases citosina e guanina, que cumprem a regra de Chargaff:

Note-se que o par "TA" pode sobrepor-se ao par "GC" com as ligações aos grupos de açúcar em justaposição semelhante. No modelo de "dupla hélice" de Watson e Crick, as cadeias de polinucleótidos interagem para formar uma dupla hélice com as cadeias a correr em direcções opostas. As bases estão direccionadas para o centro (e empilhadas umas sobre as outras) e os grupos de açúcar estão virados para o exterior da hélice.

O modelo de Watson e Crick tinha as seguintes dimensões físicas:

34 Â por repetição helicoidal

10 pares de bases por repetição (ou seja, por volta da hélice)

3.4 Â distância de empilhamento entre bases

20 Â de diâmetro para a largura da hélice

As características físicas do modelo correspondem às determinadas pelos estudos de difração de raios X de Rosalind Franklin.

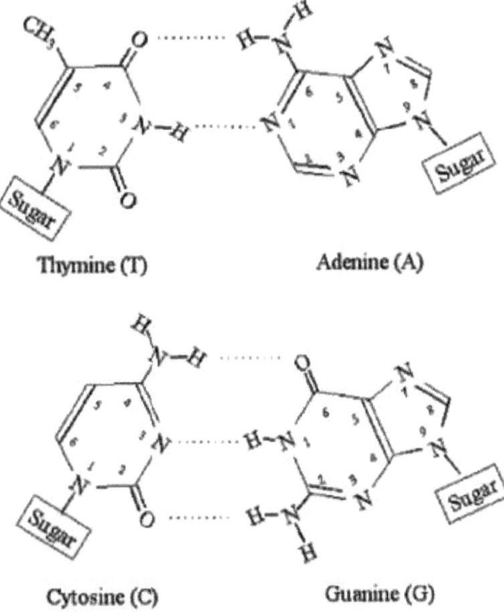

Figura 2.13 Regra de Chargaff Ligação

Consequências do modelo de informação genética:

O artigo de Watson e Crick foi um exercício de brevidade (1 página apenas na Nature). A estrutura era tão rica em implicações que muito poderia ser escrito. Os autores, no entanto, optaram apenas por dizer: "Não nos escapou que o emparelhamento específico que postulámos sugere imediatamente um possível mecanismo de cópia para o material genético".

Se o G estivesse sempre emparelhado com o C, e o T sempre emparelhado com o A, então qualquer uma das cadeias poderia ser regenerada a partir da informação complementar da outra cadeia.

A base da complementaridade era a ligação de hidrogénio, ou seja, interacções não covalentes que podiam ser facilmente quebradas e reformadas.

A informação que o ADN transportava estava contida na sequência única de bases do ADN.

A partir da localização geral das bases no interior, parece que a dupla hélice teria de se dissociar para aceder à informação.

A localização não igualitária das moléculas de açúcar (ver acima) sugeriu que a hélice de ADN teria uma ranhura maior e uma ranhura menor.

Notação geral do ADN de cadeia dupla:

2.8 Plasmídeos

Um plasmídeo é **uma pequena molécula de ADN circular que se encontra nas bactérias e noutros organismos microscópicos.**

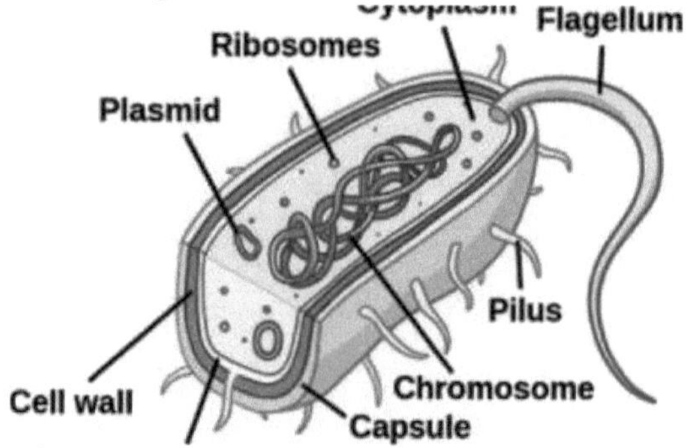

Figura 2.14 Plasmídeos

Os plasmídeos estão fisicamente separados do ADN cromossómico e replicam-se de forma independente. Um plasmídeo é uma molécula de ADN pequena, circular e de cadeia dupla, distinta do ADN cromossómico de uma célula.

Os plasmídeos existem naturalmente nas células bacterianas e também ocorrem em alguns eucariotas. Muitas vezes, os genes transportados nos plasmídeos conferem às bactérias vantagens genéticas, como a resistência a antibióticos.

Os plasmídeos têm uma grande variedade de comprimentos, desde cerca de mil pares de bases de ADN até centenas de milhares de pares de bases. Quando uma bactéria se divide, todos os plasmídeos contidos na célula são copiados de modo a que cada célula filha receba uma cópia de cada plasmídeo. As bactérias também podem transferir plasmídeos umas para as outras através de um processo chamado conjugação.

Os cientistas tiraram partido dos plasmídeos para os utilizar como ferramentas para clonar, transferir e manipular genes. Os plasmídeos que são utilizados experimentalmente para estes fins são designados por vectores.

Os investigadores podem inserir fragmentos de ADN ou genes num vetor de plasmídeo, criando o chamado plasmídeo recombinante. Este plasmídeo pode ser introduzido numa bactéria através de um processo chamado transformação. Depois, como as bactérias se dividem rapidamente, podem ser usadas como fábricas para copiar fragmentos de ADN em grandes quantidades.

2.9 Marcadores seleccionáveis

Os genes marcadores seleccionáveis são **genes condicionalmente dominantes que conferem uma capacidade de crescimento na presença de agentes selectivos aplicados que são normalmente tóxicos para as células vegetais ou inibidores do crescimento das plantas**, como os antibióticos e os herbicidas. Este elemento é necessário para a manutenção do plasmídeo na célula. Devido à presença do marcador seletivo, o plasmídeo torna-se útil para a célula. Em condições selectivas, apenas as células que contêm plasmídeos com o marcador selecionável adequado podem sobreviver.

Em geral, os genes que conferem resistência a vários antibióticos são utilizados como marcadores selectivos em vectores de clonagem. As desvantagens desta abordagem são:

- perda de pressão selectiva em resultado da degradação e inativação dos antibióticos.

- contaminação do produto ou da biomassa por antibióticos, o que pode ser inaceitável por considerações médicas ou regulamentares.

Marcadores seleccionáveis e sua utilização na engenharia genética

- O marcador selecionável é uma sequência de ADN que ajuda a detetar e a eliminar os não transformantes, ao mesmo tempo que permite que os transformantes cresçam seletivamente.
- Para este efeito, o vetor necessita de um marcador selecionável.
- A capacidade de selecionar genes marcadores é um aspeto essencial da maioria dos regimes de transição.
- São libertados no mesmo plasmídeo que o gene de interesse ou num plasmídeo separado.
- É necessário um marcador selecionável para a manutenção do plasmídeo na célula.
- O plasmídeo torna-se útil para a célula devido à presença de um marcador de seleção.

Em condições selectivas, só sobreviverão as células que contenham plasmídeos com o marcador selecionável adequado. Na clonagem de vectores, os genes que conferem resistência a vários antibióticos são normalmente utilizados como marcadores de seleção.

2.10Gel de agarose

O gel de agarose é uma matriz tridimensional formada por moléculas helicoidais de agarose em feixes superenrolados que se agregam em estruturas tridimensionais com canais e poros através dos quais as biomoléculas podem passar.

A eletroforese em gel de agarose é a forma mais eficaz de separar fragmentos de ADN de tamanhos variáveis, entre 100 pb e 25 kb. A agarose é isolada dos géneros de algas marinhas *Gelidium* e *Gracilaria* e consiste em subunidades repetidas de agarobiose (L- e D-galactose). Durante a gelificação, os polímeros de agarose associam-se de forma não covalente e formam uma rede de feixes cujas dimensões dos poros determinam as propriedades de peneiração molecular do gel. A utilização da eletroforese em gel de agarose revolucionou a separação do ADN. Antes da adoção dos géis de agarose, o ADN era principalmente separado utilizando a centrifugação por gradiente de densidade de sacarose, que apenas fornecia uma aproximação do tamanho. Para separar o ADN utilizando a eletroforese em gel de agarose, o ADN é carregado em poços pré-fabricados no gel e é aplicada uma corrente. A espinha dorsal de fosfato da molécula de ADN (e ARN) tem uma carga negativa, pelo que, quando colocados num campo elétrico, os fragmentos de ADN migram para o ânodo, que tem uma carga positiva. Como o ADN tem uma relação massa/carga uniforme, as moléculas de ADN são separadas por tamanho num gel de agarose num padrão em que a distância percorrida é inversamente proporcional ao logaritmo do seu peso molecular. O modelo principal para o movimento do ADN através de um gel de agarose é a "reptação tendenciosa", em que a extremidade principal se move para a frente e puxa o resto da molécula. A taxa de migração de uma molécula de ADN através de um gel é determinada pelos seguintes factores 1) tamanho da molécula de ADN; 2) concentração de agarose; 3) conformação do ADN; 4) voltagem aplicada, 5) presença de brometo de etídio, 6) tipo de agarose e 7) tampão de eletroforese. Após a separação, as moléculas de ADN podem ser visualizadas sob luz ultravioleta depois de coradas com um corante adequado. Ao seguir este protocolo, os alunos devem ser capazes de: 1. Compreender o mecanismo pelo qual os fragmentos de ADN são separados numa matriz de gel 2. Compreender como a conformação da molécula de ADN determina a sua mobilidade através de uma matriz de gel 3. Identificar uma solução de agarose de concentração adequada às suas necessidades 4. Preparar um gel de agarose para eletroforese de amostras de ADN 5. Montar o aparelho de eletroforese em gel e a fonte de alimentação 6. Selecionar uma voltagem adequada para a separação dos fragmentos de ADN

7. Compreender o mecanismo pelo qual o brometo de etídio permite a visualização das bandas de ADN 8. Determinar os tamanhos dos fragmentos de ADN separados

2.11PCR

A PCR baseia-se **na utilização da capacidade da ADN polimerase para sintetizar uma nova cadeia de ADN complementar à cadeia modelo oferecida**. A reação em cadeia da polimerase (abreviada PCR) é uma técnica laboratorial para produzir rapidamente (amplificar) milhões a milhares de milhões de cópias de um segmento específico de ADN, que pode depois ser estudado em maior detalhe. A PCR envolve a utilização de fragmentos curtos de ADN sintético, chamados primers, para selecionar um segmento do genoma a ser amplificado e, em seguida, várias rondas de síntese de ADN para amplificar esse segmento.

Figura 2.15 PCR

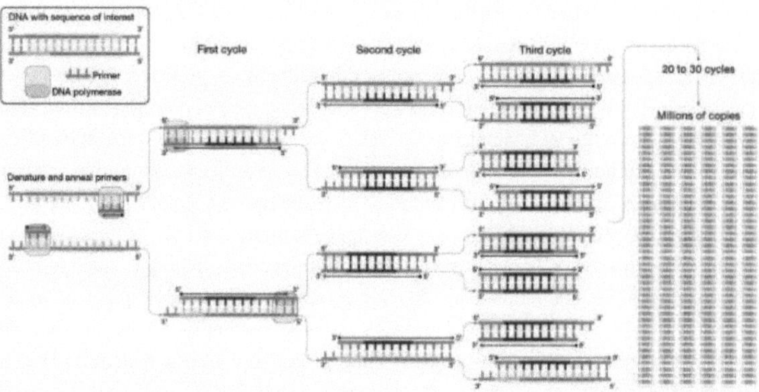

Figura 2.16 Projeto Genoma Humano

Reação em cadeia da polimerase, PCR. A PCR remonta a meados da década de 1980, mais ou menos na altura em que o Projeto Genoma Humano estava a ser considerado e iniciado no final dessa década. Desde então, a PCR tem sido fundamental para grande parte da biologia e da investigação biomédica. Uma vez que estamos no Instituto do Genoma, vale a pena referir que foi uma tecnologia fundamental por detrás dos primeiros dias do Projeto Genoma Humano. E tem desempenhado um papel importante até aos dias de hoje. E vai continuar a desempenhar um papel importante durante muito tempo, suspeito eu, embora nunca se saiba - há sempre outra tecnologia inovadora.

2.12c- Bibliotecas de ADN

Uma biblioteca de cDNA é **uma coleção de sequências de DNA clonadas que são**

complementares ao mRNA que foi extraído de um organismo ou tecido (o "c" em cDNA significa "complementar").

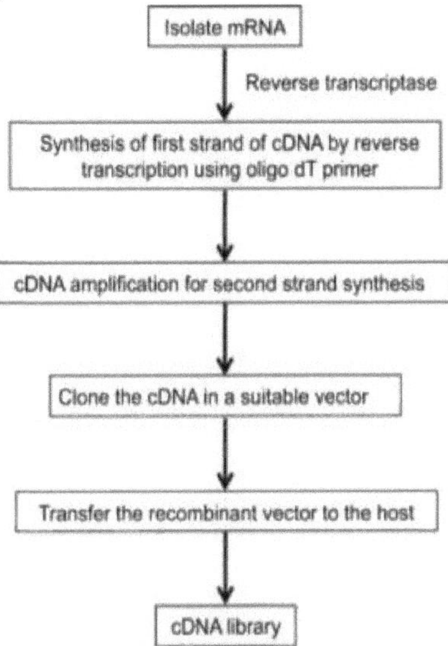

Figura 2.17 Diagrama do fluxograma para a biblioteca de cDNA

A biblioteca de ADN é uma coleção de fragmentos de ADN que foram clonados em vectores para reconhecer e isolar os fragmentos de ADN desejados. Existem dois tipos de bibliotecas - bibliotecas de cDNA e bibliotecas genómicas. As bibliotecas de ADN genómico são constituídas por grandes fragmentos de ADN. Por outro lado, as bibliotecas de cDNA são constituídas por mRNA clonado e transcrito reversamente. Consequentemente, são desprovidas das sequências de ADN relativas às áreas genómicas que não são expressas, como os intrões. Biblioteca de ADN complementar - cDNA - É uma cópia de ADN de uma molécula de ARNm gerada pela transcriptase reversa, uma polimerase de ADN que pode usar ARN ou ADN como modelo. Estes são preparados utilizando o ARNm como modelo, o seu material de partida. São representativos apenas dos genes do genoma que são expressos em condições específicas. O cDNA não tem intrões, pelo que pode ser expresso em células procarióticas

2.12.1Biblioteca de ADN genómico

O ADN genómico é o ADN cromossómico de uma entidade representativa do conjunto do seu conteúdo genómico.

biblioteca de cDNA	Biblioteca de ADN genómico
O que é	
Coleção de clones com ADN complementar ao ARNm de uma entidade	Coleção de clones com o ADN genómico completo de uma entidade
O que é que contém?	
Representa os genes expressos numa determinada célula num determinado período de tempo	Representa todos os genes
Tamanho	

Mais pequena em comparação com a biblioteca de ADN genómico	Vasto em comparação com a biblioteca de cDNA
Sequências codificantes e não-codificantes	
O clone contém apenas as sequências observadas no ARNm, não o gene completo.	Contém sequências para intrões e exões. Os clones genómicos podem ter sequências do gene completo
Substância importante necessária para a sua construção	
Enzima de transcriptase reversa	Ligases e endonucleases de restrição
Quantos recombinantes devem ser rastreados?	
O número é muito inferior em comparação com a biblioteca de ADN genómico	Número muito superior de recombinantes em comparação com a biblioteca de cDNA
Material necessário para iniciar	
ARNm	ADN
Expressão em sistema procariótico	
Pode ser expresso diretamente, uma vez que apenas possui sequências de codificação	A expressão dos genes extraídos da biblioteca genómica é um desafio nos sistemas procarióticos, uma vez que estes são desprovidos de um mecanismo de splicing
Papel na transcriptase reversa	
Ocorre na síntese da primeira cadeia de cDNA	Não envolvido
Vectores utilizados	
Fagóides, plasmídeos, fago Lambda para albergar fragmentos mais pequenos devido à ausência de intrões	Cosmídeos, plasmídeos, fago Lambda, YAC, BAC para albergar fragmentos maiores

Quadro 2.2 Diferenças entre cDNA e biblioteca de ADN genómico

São diferentes do ADN complementar, do ADN mitocondrial ou do ADN plasmídico bacteriano. Estes são preparados diretamente a partir do ADN genómico e representam o genoma completo de uma entidade. Para a sua construção, são indispensáveis ligases e endonucleases de restrição. Pode também representar o ADN de entidades eucarióticas e procarióticas e contém intrões. Como contém intrões, estes são incapazes de se expressar nos procariotas. Além disso, os procariotas não possuem a maquinaria necessária para processar os intrões. O quadro seguinte mostra as diferenças entre o cDNA e a biblioteca de ADN genómico.

2.13Sequenciação de ADN

A sequenciação de ADN refere-se à **técnica laboratorial geral para determinar a sequência exacta de nucleótidos, ou bases, numa molécula de ADN**. A sequência das bases (frequentemente referidas pelas primeiras letras dos seus nomes químicos: A, T, C e G) codifica a informação biológica que as células utilizam para se desenvolverem e funcionarem.

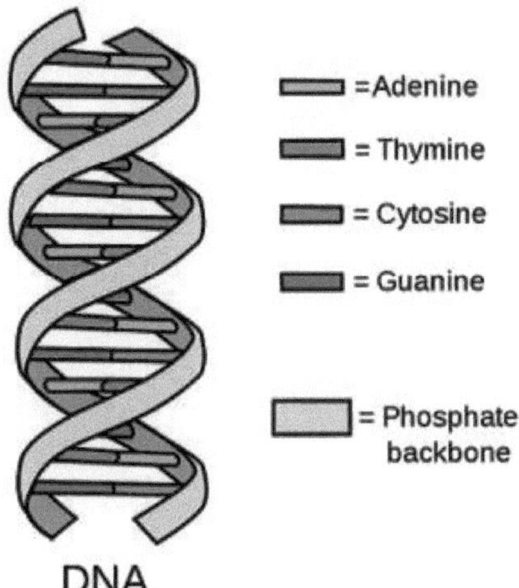

Figura 2.18 ADN

Sequenciar o ADN significa determinar a ordem dos quatro blocos de construção química - chamados "bases" - que constituem a molécula de ADN. A sequência indica aos cientistas o tipo de informação genética que é transportada num determinado segmento de ADN. Por exemplo, os cientistas podem utilizar a informação da sequência para determinar que troços de ADN contêm genes e que troços transportam instruções reguladoras, ligando ou desligando genes. Além disso, e mais importante, os dados da sequência podem destacar alterações num gene que podem causar doenças.

Na dupla hélice do ADN, as quatro bases químicas ligam-se sempre ao mesmo parceiro para formar "pares de bases". A adenina (A) emparelha-se sempre com a timina (T); a citosina (C) emparelha-se sempre com a guanina (G). Este emparelhamento é a base do mecanismo pelo qual as moléculas de ADN são copiadas quando as células se dividem, e o emparelhamento também está subjacente aos métodos pelos quais a maioria das experiências de sequenciação de ADN são efectuadas. O genoma humano contém cerca de 3 mil milhões de pares de bases que explicam as instruções para fazer e manter um ser humano.

Desde a conclusão do Projeto do Genoma Humano, as melhorias tecnológicas e a automatização aumentaram a velocidade e reduziram os custos ao ponto de os genes individuais poderem ser sequenciados por rotina e de alguns laboratórios poderem sequenciar mais de 100 000 mil milhões de bases por ano, podendo um genoma inteiro ser sequenciado por apenas alguns milhares de dólares.

Muitas destas novas tecnologias foram desenvolvidas com o apoio do Programa de Tecnologia do Genoma do Instituto Nacional de Investigação do Genoma Humano (NHGRI) e dos seus prémios de Tecnologia Avançada de Sequenciação de ADN. Um dos objectivos do NHGRI é promover novas tecnologias que possam eventualmente reduzir o custo da sequenciação de um genoma humano de qualidade ainda mais elevada do que é possível atualmente e por menos de 1.000 dólares.

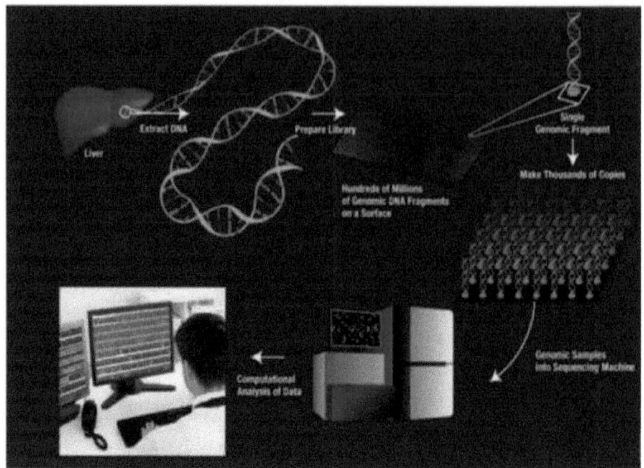

Figura 2.20 Sequenciação de ADN

Além disso, o projeto Atlas do Genoma do Cancro, que é apoiado pelo NHGRI e pelo Instituto Nacional do Cancro, está a utilizar a sequenciação do ADN para desvendar os pormenores genómicos de cerca de 30 tipos de cancro. Outro programa do National Institutes of Health examina a forma como a atividade dos genes é controlada em diferentes tecidos e o papel da regulação dos genes na doença. Os projectos em curso e planeados em grande escala utilizam a sequenciação do ADN para examinar o desenvolvimento de doenças comuns e complexas, como as doenças cardíacas e a diabetes, e em doenças hereditárias que causam malformações físicas, atrasos no desenvolvimento e doenças metabólicas.

A comparação das sequências genómicas de diferentes tipos de animais e organismos, como os chimpanzés e as leveduras, também pode fornecer informações sobre a biologia do desenvolvimento e da evolução.

CAPÍTULO 3

3 BIOINFORMÁTICA

O termo "Bioinformática" foi cunhado por *PAULIEN HOGEWEG E BEN HESPER, que* é um domínio interdisciplinar que desenvolve métodos e ferramentas de software para a compreensão de dados biológicos, em especial quando os conjuntos de dados são grandes e complexos.

Sendo um domínio científico interdisciplinar, a bioinformática combina a biologia, a química, a física, a informática, a engenharia da informação, a matemática e a estatística para analisar e interpretar os dados biológicos.

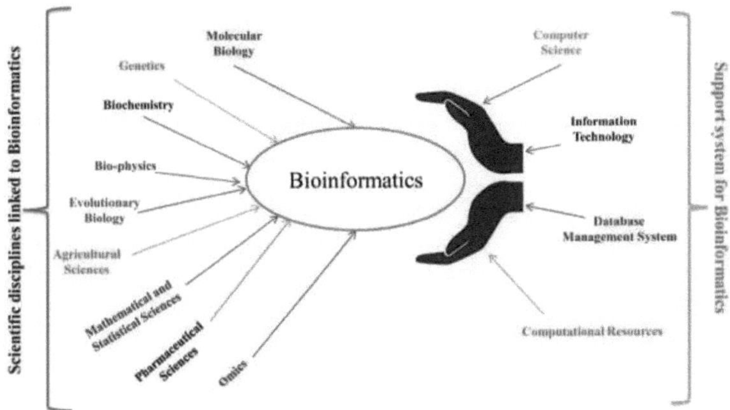

Figura 3.1 Diagrama de blocos Bioinformática

3.1 Objectivos da bioinformática

- Desenvolvimento de novos algoritmos e estatísticas para avaliar as relações entre grandes conjuntos de dados biológicos.
- Aplicação destas ferramentas para a análise e interpretação dos diferentes dados biológicos.
- Desenvolvimento de bases de dados para um armazenamento, acesso e gestão eficientes de um grande número de informações biológicas.

3.2 REPOSITÓRIOS

Em tecnologia da informação, um repositório (pronuncia-se ree-PAHZ-ih-tor-i) é um local central onde uma agregação de dados é guardada e mantida de forma organizada, normalmente em computador

armazenamento. O termo deriva do latim *repositorium,* um recipiente ou câmara onde se podem colocar coisas, e pode significar um local onde se recolhem coisas.

Dependendo da forma como o termo é utilizado, um repositório pode ser diretamente acessível aos utilizadores ou pode ser um local a partir do qual se obtêm bases de dados, ficheiros ou documentos específicos para posterior relocalização ou distribuição numa rede. Um repositório pode ser apenas a agregação dos próprios dados num local de armazenamento acessível ou pode também implicar alguma capacidade de extração selectiva de dados. Os termos relacionados são armazém de dados e extração de dados.

3.2.1 Repositórios de dados primários

Muitos cientistas tratam os modelos estruturais finais (tanto macromoleculares como de pequenas moléculas) como dados primários; os próprios modelos são apenas interpretações dos dados experimentais e devem ser tratados como dados derivados. De facto, apenas as imagens de difração (em cristalografia), os espectros registados (em RMN) e as imagens não processadas (em microscopia eletrónica) devem ser considerados dados "primários". O armazenamento a longo prazo e em grande escala de imagens de difração tornou-se recentemente possível devido à redução do custo dos suportes e à melhoria das tecnologias de acesso e armazenamento de dados. O custo associado à gestão de dados manteve-se estável ou até aumentou devido à complexidade das experiências de cristalografia modernas.

Um recurso que tenha 10 ou 100 experiências de difração terá problemas diferentes de um recurso que possa acomodar 100.000 ou um milhão de experiências. Os primeiros arquivos públicos em grande escala de imagens de difração macromolecular foram implementados independentemente por consórcios de genómica estrutural. Algumas instalações de sincrotrão também criaram arquivos em grande escala, mas apenas um subconjunto muito limitado de dados está disponível ao público.

O sincrotrão implementado na instalação do sincrotrão australiano, baseado no sistema MyTardis, que reivindica milhares de experiências de difração arquivadas, disponibiliza apenas 35 delas ao público. Para garantir a normalização dos dados e metadados, o IUCr criou o Diffraction Data Deposition Working Group (DDDWG).

3.2.2 Repositórios de referência

Embora os modelos estruturais sejam dados derivados, servem de base para muitos outros estudos e são tratados como dados de referência primários. Os recursos de dados de referência são geralmente repositórios aumentados com a funcionalidade de base de dados para facilitar as pesquisas de dados. A análise de um grande grupo de dados requer a utilização de ferramentas auxiliares. O principal exemplo do repositório de dados utilizado em biologia estrutural é a versão anterior do PDB (Protein Data Bank).

O repositório PDB tem cinco sítios de acesso: o sítio wwPDB, três centros de dados (PDBe, PDBj e RCSB PDB) e um componente específico de RMN, o Biological Magnetic Resonance Data Bank (BMRB). Enquanto o sítio wwPDB permite a validação e o depósito de dados, bem como o descarregamento de arquivos, os restantes sítios têm mais capacidades de base de dados que permitem a disseminação de dados. Os três centros de dados da PDB utilizam o formato mmCIF comum para armazenar os mesmos dados estruturais subjacentes, mas a conceção, o conteúdo das informações e as ferramentas de análise de cada sítio são diferentes. Os três centros de dados criam diferentes experiências para o utilizador e ilustram as diferentes formas de um repositório evoluir para um Sistema de Informação Avançado.

3.3 BASES DE DADOS

Uma base de dados é uma vasta coleção de dados relativos a um tópico específico, por exemplo, sequência de nucleótidos, sequência de proteínas, etc., num ambiente eletrónico.

- São o coração da bioinformática.
- Armazém informatizado de dados (registos).
- Permite a extração de registos especificados.
- Permite adicionar, alterar, remover e fundir registos.
- Utiliza formatos normalizados.

3.3.1 TIPOS DE BASES DE DADOS

- Bases de dados de sequências

- Bases de dados estruturais
- Bases de dados de enzimas
- Bases de dados de microarray
- Base de dados clínicos
- Bases de dados de vias de comunicação
- Bases de dados químicas
- Bases de dados integradas
- Bases de dados bibliográficas

Na bioinformática e, na verdade, noutros domínios de investigação com grande intensidade de dados, as bases de dados são frequentemente classificadas como primárias ou secundárias (Quadro 3.1).

3.3.2 Bases de dados primárias

As bases de dados primárias são preenchidas com dados obtidos experimentalmente, como a sequência de nucleótidos, a sequência de proteínas ou a estrutura macromolecular. Os resultados experimentais são enviados diretamente para a base de dados pelos investigadores e os dados são essencialmente de natureza arquivística. Uma vez atribuído um número de acesso à base de dados, os dados nas bases de dados primárias nunca são alterados: fazem parte do registo científico.

3.3.3 Bases de dados secundárias

Em contrapartida, **as bases de dados secundárias** incluem dados derivados dos resultados da análise dos dados primários. São frequentemente referidas como bases de dados com curadoria, mas trata-se de uma designação um pouco errada, porque as bases de dados primárias também são objeto de curadoria para garantir que os dados nelas contidos são consistentes e exactos.

As bases de dados secundárias baseiam-se frequentemente em informações de várias fontes, incluindo outras bases de dados (primárias e secundárias), vocabulários controlados (ver secção seguinte) e a literatura científica. São altamente curadas, utilizando frequentemente uma combinação complexa de algoritmos computacionais e análise e interpretação manuais para obter novos conhecimentos a partir do registo público da ciência.

Na última década, as bases de dados secundárias tornaram-se a biblioteca de referência do biólogo molecular, fornecendo um manancial de informações (muitas vezes assustadoras) sobre praticamente qualquer gene ou produto genético que tenha sido investigado pela comunidade científica. O potencial de exploração desta informação para fazer novas descobertas é vasto. O nosso trabalho neste curso é reduzir a sua energia de ativação para aproveitar melhor estes recursos para a sua investigação.

Quadro 3.1 Aspectos essenciais das bases de dados primárias e secundárias

	Base de dados primária	**Base de dados secundária**
Sinónimos	Base de dados de arquivo	Base de dados com curadoria; base de conhecimentos
Fonte de dados	Apresentação direta dos dados obtidos experimentalmente pelos investigadores	Resultados da análise, pesquisa e interpretação da literatura, frequentemente de dados em bases de dados primárias
Exemplos	ENA, GenBank e DDBJ (sequência de nucleótidos) Array	InterPro (famílias, motivos e domínios de proteínas) UniProt

	Express e GEO (dados de genómica funcional) ProteinDataBank (PDB; coordenadas de estruturas macromoleculares tridimensionais)	Base de conhecimentos (sequência e informações funcionais sobre proteínas) Ensembl (variação, função, regulação e outros elementos sobrepostos às sequências genómicas completas)

3.3.4 Mais informações sobre os tipos de bases de dados

Estas são as bases de dados que consistem em dados biológicos, como a sequenciação de proteínas, a estrutura molecular, as sequências de ADN, etc., de forma organizada.

Existem várias ferramentas informáticas para manipular os dados biológicos, como atualizar, apagar, inserir, etc. Cientistas e investigadores de todo o mundo introduzem os dados e os resultados das suas experiências numa base de dados biológica, de modo a que estes fiquem disponíveis para um público mais vasto. As bases de dados biológicos são de utilização gratuita e contêm uma enorme coleção de uma grande variedade de dados biológicos.

3.3.5 Utilizações das bases de dados biológicas

- Ajuda os investigadores a estudar os dados disponíveis e a formar uma nova tese, antivírus, bactérias úteis, medicamentos, etc.
- Ajuda os cientistas a compreender os conceitos dos fenómenos biológicos.
- A base de dados funciona como um armazenamento de informações.
- Ajuda a eliminar a redundância dos dados.

3.3.6 Tipos de bases de dados biológicas

Existem basicamente 3 tipos de bases de dados biológicas, que são as seguintes

Bases de dados primárias - Também pode ser designada por base de dados de arquivo, uma vez que arquiva os resultados experimentais apresentados pelos cientistas. A base de dados primária é preenchida com dados obtidos experimentalmente, como a sequência do genoma, a estrutura macromolecular, etc. Os dados aqui introduzidos permanecem não curados (não são efectuadas quaisquer alterações aos dados).

Obtém dados únicos obtidos no laboratório e estes dados são tornados acessíveis aos utilizadores normais sem qualquer alteração.

Os dados recebem números de acesso quando são introduzidos na base de dados. Os mesmos dados podem ser recuperados mais tarde utilizando o número de acesso. O número de acesso identifica cada dado de forma única e nunca muda.

Exemplos -

Exemplos de bases de dados primárias - As bases de dados de ácidos nucleicos são o GenBank e o DDBJ

As bases de dados de proteínas são PDB, SwissProt, PIR, TrEMBL, Metacyc, etc.

Base de dados secundária - Os dados armazenados neste tipo de bases de dados são o resultado da análise da base de dados primária. Os algoritmos computacionais são aplicados à base de dados primária e os dados significativos e informativos são armazenados na base de dados secundária.

Os dados aqui são altamente curados (processamento dos dados antes de serem apresentados na base de dados). Uma base de dados secundária é melhor e contém conhecimentos mais valiosos do que a base de dados primária.

Exemplos -

Exemplos de bases de dados secundárias são os seguintes.

InterPro (famílias de proteínas, motivos e domínios)
UniProt Knowledgebase (informações sequenciais e funcionais sobre proteínas)

Bases de dados compostas - Os dados introduzidos neste tipo de bases de dados são primeiro comparados e depois filtrados com base nos critérios pretendidos.

Os dados iniciais são retirados da base de dados primária e, em seguida, são fundidos com base em determinadas condições.

Ajuda a pesquisar sequências rapidamente. As bases de dados compostas contêm dados não redundantes.

3.4 ALINHAMENTO BASEADO EM SEQUÊNCIAS DE PARES

O alinhamento de sequências em pares é utilizado para identificar regiões de semelhança que podem indicar relações funcionais, estruturais e/ou evolutivas entre duas sequências biológicas (proteínas ou ácidos nucleicos).

Pontuação de alinhamentos de sequências:

Existem diferentes formas de atribuir pontuações para correspondências, incompatibilidades e lacunas; assim, existem muitos sistemas de pontuação, mas para efeitos de demonstração, começamos com um simples e pontuamos cada correspondência com +1 e tanto as incompatibilidades (substituições) como as lacunas (indels) com -1.

Peguemos em duas sequências (1) e (2) da Figura 1. e tornemo-las de igual comprimento adicionando intervalos, o que significa que as alinhamos globalmente e de duas formas distintas, como mostra a Figura 2. e pontuamo-las utilizando o nosso sistema de pontuação simples.

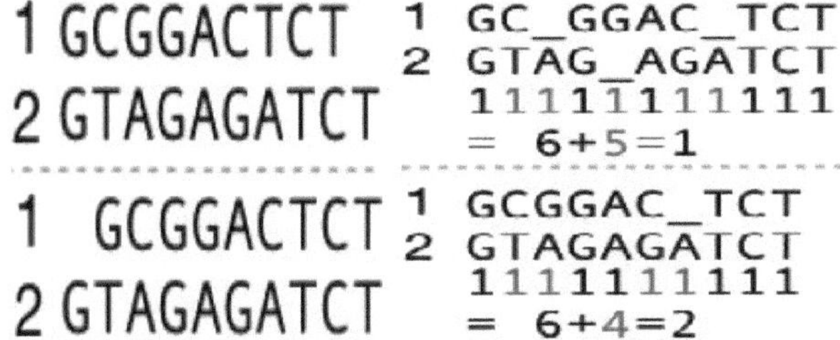

Figura 3.2 SEQUÊNCIA DE PAIRWISE 1 e 2

No alinhamento superior, a sequência (1) tem duas lacunas, a sequência (2) tem uma lacuna e o alinhamento contém no total duas substituições.

Com o nosso sistema de pontuação, obtemos
corresponde: 6 x (+ 1) = +6,
indels: 3 x (-1) = -3 e
substituições: 2 x (-1) = -2,
produzindo a pontuação de alinhamento de +6 + (- 5) = +1 para o alinhamento superior.

No alinhamento inferior, a sequência (1) tem uma única lacuna, a sequência (2) não tem lacunas e o alinhamento contém no total três substituições.

A pontuação do alinhamento é: *correspondências*: 6 x (+1) = +6, *indels*: 1 x (-1) = -1 e *substituições*: 3 x (-1) = - 3 = +6 + (-1) + (-3) = +2.

3.4.1 RELAÇÃO ENTRE SEQUÊNCIAS E ESTRUTURAS

Em geral, a relação entre sequência e estrutura é ambígua, uma vez que muitos motivos de sequência diferentes podem corresponder à mesma caraterística estrutural. Por conseguinte, os motivos estruturais não devem ser correlacionados com nenhum resíduo específico ou com as

suas sequências.
Os estudos comparativos desempenham um papel importante na bioinformática. Parte-se do princípio de que a semelhança estrutural das proteínas implica a sua semelhança funcional. Parte-se do princípio de que as características estruturais estão estreitamente relacionadas com a composição das sequências.
Existe, no entanto, um limite para que as semelhanças de estrutura e sequência possam ser equivalentes. Tal como foi estabelecido em vários estudos (Kinjo e Nishikawa, 2004; Rost, 1999), os pares de proteínas com uma identidade de sequência superior a 35-40% são muito susceptíveis de serem estruturalmente semelhantes. A semelhança estrutural entre pares com uma identidade de sequência de 20-35% é frequentemente designada por "zona de penumbra". Ao mesmo tempo, a "zona de penumbra" é caracterizada por uma explosão de falsos negativos (Rost, 1999), o que significa que muitas sequências dissimilares parecem ser homólogas estruturais. Embora existam exemplos de pares de proteínas homólogas com <10% de identidade de sequência (Brenner, *et al.*, 1996; Holm e Sander, 1996; Hubbard, *et al.*, 1997; Valencia, *et al.*, 1991), verificou-se em muitos estudos (Chotia, 1992; Chotia e Lesk, 1986; Hubbard e Blundell, 1987; Krissinel e Henrick, 2004) que a probabilidade de homólogos estruturais com <20% de identidade de sequência é negligenciável.

3.5 Bioinformática estrutural

A bioinformática estrutural é um subcampo da bioinformática que se ocupa da análise e previsão de macromoléculas biológicas, como as proteínas, o ARN e o ADN, em três dimensões. Trabalha com estruturas resolvidas empiricamente e modelos informáticos para fazer generalizações sobre estruturas macromoleculares em 3D, tais como comparações de dobras globais e motivos locais, princípios de dobragem molecular, evolução, interacções de ligação e correlações estrutura/função. A bioinformática estrutural é um subconjunto da biologia estrutural computacional, e o termo estrutural tem o mesmo significado que biologia estrutural. O principal objetivo da bioinformática estrutural é desenvolver novas formas de análise de dados biológicos macromoleculares, a fim de abordar problemas biológicos e descobrir novas informações.
A estrutura de uma proteína está ligada à sua função. As proteínas podem atuar como enzimas, catalisando uma variedade de processos químicos devido à presença de grupos químicos particulares em locais específicos. A bioinformática estrutural centra-se nas relações entre estruturas com base nas suas coordenadas espaciais. Como resultado, os domínios estabelecidos da bioinformática podem avaliar melhor a estrutura primária. A visualização das estruturas proteicas é uma questão crítica na bioinformática estrutural. Permite aos utilizadores visualizar representações estáticas ou dinâmicas das moléculas, bem como a deteção de interacções que podem ser utilizadas para inferir mecanismos moleculares. Watson e Crick foram os primeiros a definir a estrutura convencional do duplex de ADN. Na molécula de ADN estão presentes um grupo fosfato, uma pentose e uma base azotada. As ligações de hidrogénio entre os pares de bases adenina e timina (A-T) e citosina e guanina (C-G) estabilizam a estrutura de dupla hélice do ADN (C-G). Muitas investigações bioinformáticas estruturais centraram-se na descoberta do modo como o ADN interage com moléculas minúsculas, o que tem sido objeto de vários estudos de conceção de medicamentos.

3.5.1 Comparação de estruturas

O alinhamento estrutural é um método para comparar a forma e a conformação de estruturas tridimensionais. Mesmo com uma pequena semelhança de sequência, pode ser utilizado para determinar a ligação evolutiva entre um grupo de proteínas. O alinhamento estrutural implica a sobreposição de uma estrutura 3D sobre outra e a rotação e translação dos átomos para os seus devidos lugares.

As assinaturas estruturais, muitas vezes conhecidas como impressões digitais, são representações de padrões de macromoléculas que podem ser utilizadas para determinar semelhanças e diferenças. Devido ao elevado custo computacional dos alinhamentos estruturais, a comparação de um grande número de proteínas utilizando o RMSD continua a ser uma dificuldade. Foram descobertos vectores de identificação de proteínas e informações não triviais utilizando assinaturas estruturais baseadas em padrões de distância gráfica entre pares de átomos. A álgebra linear e a aprendizagem automática também podem ser utilizadas para agrupar assinaturas de proteínas, descobrir interacções proteína-ligante e sugerir mutações com base na distância euclidiana.

3.5.2 Aplicações

A seleção de alvos é feita através da comparação de potenciais alvos com bases de dados de estruturas e sequências conhecidas. Com base na literatura publicada, é possível determinar a importância de um objetivo. Os alvos também podem ser escolhidos com base nos seus domínios proteicos. Os domínios proteicos são peças de construção capazes de reorganizar e que podem ser utilizadas para criar novas proteínas. Numa primeira fase, podem ser estudados separadamente.

Os ensaios de cristalografia de raios X estão a ser acompanhados. A estrutura tridimensional de uma proteína pode ser revelada através da cristalografia de raios X.

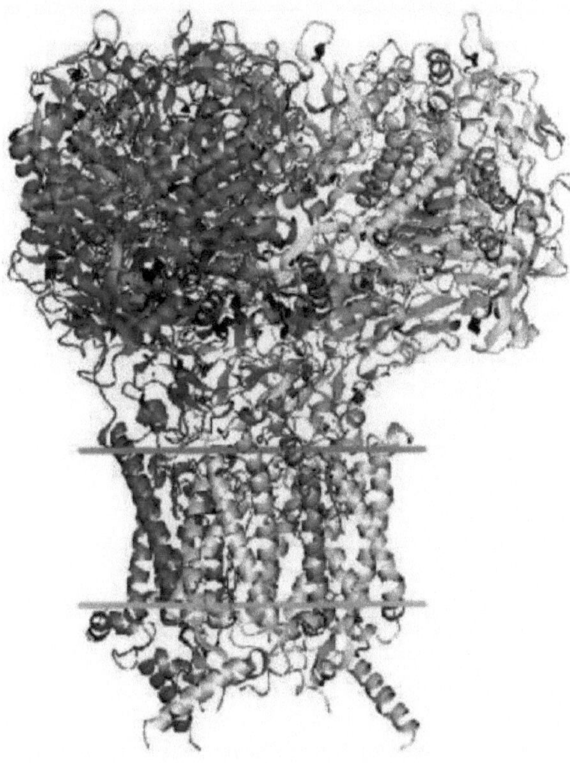

Figura 3.3 Estrutura tridimensional de uma proteína

No entanto, para examinar cristais de proteínas utilizando raios X, é necessário criar primeiro cristais de proteínas puras, o que pode levar muito tempo e muitas experiências. Para tal, é necessário manter um registo de circunstâncias e resultados do julgamento.

Análise de dados cristalográficos de raios X A transformada de Fourier da distribuição da densidade eletrónica é o padrão de difração criado pela explosão de electrões com raios X. São necessários algoritmos para desconcentrar as transformadas de Fourier utilizando informação parcial. Para construir um mapa de densidade eletrónica, podem ser utilizadas técnicas de extrapolação como a dispersão anómala de comprimento de onda múltiplo, que utiliza a localização dos átomos de selénio como referência para inferir o resto da estrutura. O mapa de densidade eletrónica é utilizado para construir um modelo padrão de bola e bastão.

Análise de dados de espetroscopia de RMN - As experiências de espetroscopia de ressonância magnética nuclear fornecem dados bidimensionais (ou superiores), correspondendo cada pico a um grupo químico dentro da amostra. Para converter os espectros em estruturas tridimensionais, são aplicados métodos de otimização.

3.5.3 Visualização da estrutura

A visualização da estrutura das proteínas é uma questão importante para a bioinformática estrutural. Permite aos utilizadores observar representações estáticas ou dinâmicas das moléculas, permitindo também a deteção de interacções que podem ser utilizadas para fazer inferências sobre mecanismos moleculares. Os tipos mais comuns de visualização são: Cartoon: este tipo de visualização de proteínas destaca as diferenças de estrutura secundária. Em geral, a α-hélice é representada como um tipo de parafuso, as fitas β como setas e os loops como linhas.

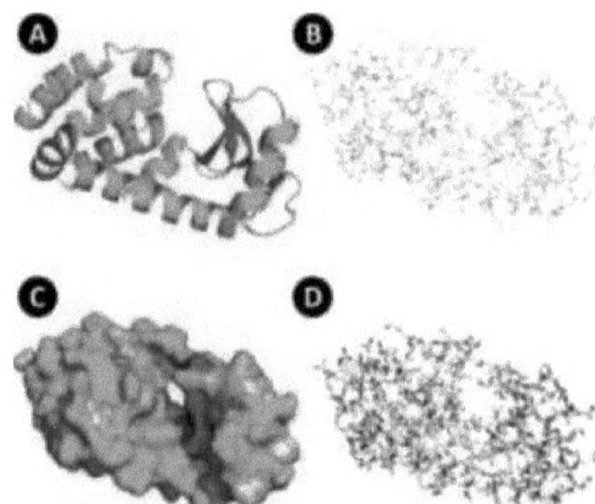

Figura 3.4 Visualização estrutural da BACTERIOPHAGE T4 LYSOZYME (PDB ID: 2LZM).

(A) Desenho animado; (B) Linhas; (C) Superfície; (D) Paus

Linhas: cada resíduo de aminoácido é representado por linhas finas, o que permite um baixo custo de representação gráfica.

Superfície: nesta visualização, é mostrada a forma externa da molécula.

Bastões: cada ligação covalente entre átomos de aminoácidos é representada como um bastão. Este tipo de visualização é mais utilizado para visualizar interacções entre aminoácidos...

3.5.4 Estrutura do ADN

A estrutura clássica dos duplexes de ADN foi inicialmente descrita por Watson e Crick (com o contributo de Rosalind Franklin). A molécula de ADN é composta por três substâncias: um grupo fosfato, uma pentose e uma base azotada (adenina, timina, citosina ou guanina). A estrutura em dupla hélice do ADN é estabilizada por ligações de hidrogénio formadas entre pares de bases: adenina com timina (A-T) e citosina com guanina (C-G). Muitos estudos de bioinformática estrutural têm-se centrado na compreensão das interacções entre o ADN e as pequenas moléculas, que têm sido alvo de vários estudos de conceção de fármacos.

3.5.5 Interacções

As interacções são contactos estabelecidos entre partes de moléculas a diferentes níveis. São responsáveis pela estabilização das estruturas proteicas e desempenham uma gama variada de actividades. Em bioquímica, as interacções são caracterizadas pela proximidade de grupos de átomos ou regiões de moléculas que apresentam um efeito entre si, como as forças electrostáticas, a ligação de hidrogénio e o efeito hidrofóbico. As proteínas podem realizar vários tipos de interacções, tais como interacções proteína-proteína (PPI), interacções proteína-peptídeo, interacções proteína-ligante (PLI) e interação proteína-DNA.

Figura 3.5 Contactos entre dois resíduos de aminoácidos: Q196-R200 (PDB ID- 2X1C)

3.5.7 Cálculo dos contactos

O cálculo dos contactos é uma tarefa importante na bioinformática estrutural, sendo importante para a previsão correcta da estrutura e do dobramento das proteínas, da estabilidade termodinâmica, das interacções proteína-proteína e proteína-ligante, das análises de acoplamento e dinâmica molecular, etc.

Tradicionalmente, os métodos computacionais têm utilizado o limiar de distância entre átomos (também designado por cutoff) para detetar possíveis interacções. Esta deteção é efectuada com base na distância euclidiana e nos ângulos entre átomos de determinados tipos.

Tipo	Critérios de distância máxima
Ligação de hidrogénio	3,9 Å
Interação hidrofóbica	5 Å
Interação iónica	6 Å
Empilhamento Aromático	6 Å

Quadro 3.2 Critérios de distância para a definição de contacto

No entanto, a maioria dos métodos baseados na distância euclidiana simples não consegue detetar contactos oclusos. Por isso, os métodos sem cortes, como a triangulação de Delaunay, ganharam destaque nos últimos anos. Além disso, a combinação de um conjunto de critérios, por exemplo, propriedades físico-químicas, distância, geometria e ângulos, tem sido utilizada para melhorar a determinação dos contactos.

3.5.8 Outras bases de dados estruturais

Para além do Protein Data Bank (PDB), existem várias bases de dados de estruturas de proteínas e outras macromoléculas. Os exemplos incluem:

MMDB: Estruturas tridimensionais de biomoléculas determinadas experimentalmente e derivadas do Protein Data Bank (PDB).

Base de dados de ácidos nucleicos (NDB): Informação determinada experimentalmente sobre ácidos nucleicos (ADN, ARN).

Classificação estrutural das proteínas (SCOP): Descrição exaustiva das relações estruturais e evolutivas entre proteínas estruturalmente conhecidas.

TOPOFIT-DB: Alinhamentos estruturais de proteínas baseados no método TOPOFIT.

Servidor de densidade de electrões (EDS): Mapas de densidade de electrões e estatísticas sobre o ajuste das estruturas cristalinas e respectivos mapas.

CASP: Prediction Center Experiência comunitária e mundial para a previsão da estrutura das proteínas CASP.

Servidor **PISCES** para a criação de listas não redundantes de proteínas: Gera listas PDB por critérios de identidade de sequência e de qualidade estrutural.

A base de conhecimentos de biologia estrutural: Ferramentas para ajudar na conceção de investigação de proteínas.

ProtCID: The Protein Common Interface Database Base de dados de interfaces proteína-proteína semelhantes em estruturas cristalinas de proteínas homólogas.

AlphaFold:AlphaFold - Base de dados de estruturas de proteínas.

3.5.9 Alinhamento estrutural

O alinhamento estrutural é um método de comparação entre estruturas 3D com base na sua forma e conformação. Pode ser utilizado para inferir a relação evolutiva entre um conjunto de proteínas, mesmo com baixa semelhança de sequência. O alinhamento estrutural implica a sobreposição de uma estrutura 3D a uma segunda estrutura, rodando e transladando os átomos nas posições correspondentes (em geral, utilizando os átomos $C\alpha$ ou mesmo os átomos pesados da espinha dorsal *C*, *N*, *O* e $C\alpha$). Normalmente, a qualidade do alinhamento é avaliada com base no desvio da raiz quadrada média (RMSD) das posições atómicas, *ou seja*, a distância média entre os átomos após a sobreposição:

RMSD= SQRT $\{ [1/N]\ \delta \}_i^2$

em que δi é a distância entre o átomo *i* e um átomo de referência correspondente na outra estrutura ou a coordenada média dos *N* átomos equivalentes. Em geral, o resultado RMSD é medido na unidade Ängström (Ä), que é equivalente a 10^{-1} 0 m. Quanto mais próximo de zero for o valor RMSD, mais semelhantes são as estruturas.

3.6 Pacotes de software

A lista de ferramentas de software **de bioinformática** pode ser dividida de acordo com a licença utilizada:

- Lista de software proprietário de bioinformática
- Lista de software de bioinformática de fonte aberta

Em alternativa, aqui está uma categorização de acordo com o respetivo subcampo especializado em bioinformática:

- Software de análise de sequências
- Lista de software de alinhamento de sequências
- Lista de software de visualização de alinhamento
- Análise de sequências sem alinhamento

- Montadores de sequências de novo
- Lista de software de previsão de genes
- Comparação de software de previsão de fusão de ADN
- Lista de software de previsão de desordens
- Lista de ferramentas de previsão da localização subcelular de proteínas
- Lista de software de filogenética
- Lista de software de visualização de árvores filogenéticas
- Categoria:Metagenómica_software
- Software de biologia estrutural
- Lista de sistemas de gráficos moleculares
- Lista de software de acoplamento proteína-ligando
- Lista de software de previsão da estrutura do ARN
- Lista de software para verificação de erros de modelos de proteínas
- Lista de programas de previsão da estrutura secundária de proteínas
- Lista de software de previsão da estrutura das proteínas
- Categoria:Software de dinâmica molecular
- Software de alinhamento estrutural

Outros

- Sistema de gestão do fluxo de trabalho bioinformático
- Lista de software de engenharia genética
- Lista de software de visualização de biologia de sistemas
- Lista de software de modelação em biologia de sistemas
- Software de análise de gel 2D
- Lista de software de espetrometria de massa

3.7 GENÓMICA

A genómica é o estudo de todos os genes de uma pessoa (o genoma), incluindo as interacções desses genes entre si e com o ambiente da pessoa. O conjunto completo de ADN de um organismo é designado por genoma. Praticamente todas as células do corpo contêm uma cópia completa dos cerca de 3 mil milhões de pares de bases de ADN, ou letras, que constituem o genoma humano. Um gene refere-se tradicionalmente à unidade de ADN que transporta as instruções para produzir uma proteína específica ou um conjunto de proteínas. Cada um dos cerca de 20.000 a 25.000 genes do genoma humano codifica uma média de três proteínas.

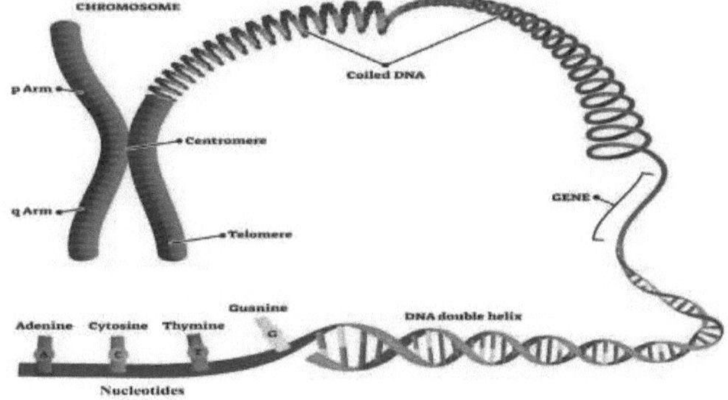

Figura 3.6 Genoma humano

Localizados em 23 pares de cromossomas, agrupados no núcleo de uma célula humana, os genes dirigem a produção de proteínas com a ajuda de enzimas e moléculas mensageiras. Especificamente, uma enzima copia a informação do ADN de um gene para uma molécula chamada ácido ribonucleico mensageiro (ARNm). O mRNA sai do núcleo e vai para o citoplasma da célula, onde o

O ARNm é lido por uma pequena máquina molecular chamada ribossoma e a informação é utilizada para ligar pequenas moléculas chamadas aminoácidos na ordem correcta para formar uma proteína específica.

As proteínas constituem as estruturas do corpo, como os órgãos e os tecidos, bem como controlam as reacções químicas e transportam sinais entre as células. Se o ADN de uma célula sofrer uma mutação, pode ser produzida uma proteína anormal, que pode perturbar os processos normais do organismo e conduzir a uma doença como o cancro.

3.8 PROTEÓMICA

A proteómica é o estudo em grande escala dos proteomas. Um proteoma é um conjunto de proteínas produzidas num organismo, sistema ou contexto biológico. Podemos referir-nos, por exemplo, ao proteoma de uma espécie (por exemplo, Homo sapiens) ou de um órgão (por exemplo, o fígado).

A proteómica é um domínio interdisciplinar que beneficiou muito da informação genética de vários projectos genómicos, incluindo o Projeto Genoma Humano.

Na proteómica, existem vários métodos para estudar as proteínas. Geralmente, as proteínas podem ser detectadas utilizando anticorpos (imunoensaios), separação electroforética ou espetrometria de massa.

Deteção de proteínas com anticorpos (imunoensaios):

As proteínas modificadas podem ser estudadas através do desenvolvimento de um anticorpo específico para essa modificação. Por exemplo, existem anticorpos que só reconhecem determinadas proteínas quando estas estão fosforiladas com tirosina, conhecidos como anticorpos fosfo-específicos. Além disso, existem anticorpos específicos para outras modificações. Estes podem ser utilizados para determinar o conjunto de proteínas que sofreram a modificação de interesse.

Espectrometria de massa e perfil de proteínas:

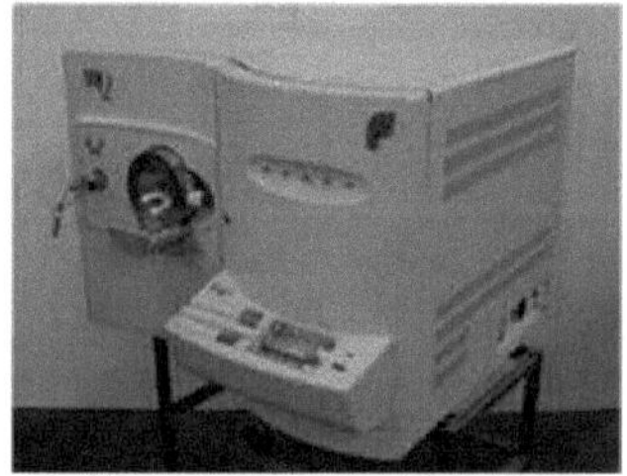

Figura 3.7 Espectrómetro de massa LCQ utilizado na espetrometria de massa.

Existem dois métodos baseados na espetrometria de massa atualmente utilizados para a caraterização de proteínas. O método mais estabelecido e generalizado utiliza a eletroforese bidimensional de alta resolução para separar proteínas de diferentes amostras em paralelo, seguida da seleção e coloração de proteínas diferencialmente expressas para serem identificadas por espetrometria de massa.

A segunda abordagem quantitativa utiliza marcadores isotópicos estáveis para marcar diferencialmente as proteínas de duas misturas complexas diferentes. Neste caso, as proteínas de uma mistura complexa são primeiro marcadas isotopicamente e depois digeridas para produzir péptidos marcados. As misturas marcadas são então combinadas, os péptidos são separados por cromatografia líquida multidimensional e analisados por espetrometria de massa em tandem. Os reagentes ICAT (Isotope Coded Affinity Tag) são os marcadores isotópicos mais utilizados. Neste método, os resíduos de cisteína das proteínas são ligados covalentemente ao reagente ICAT, reduzindo assim a complexidade das misturas que omitem os resíduos não cisteínicos.

3.9 PROJECTO GENOMA HUMANO

O Projeto Genoma Humano é um projeto de investigação internacional cuja principal missão é decifrar a sequência química do material genético humano completo (ou seja, todo o genoma), identificar todos os 50.000 a 100.000 genes contidos no genoma e fornecer ferramentas de investigação para analisar toda esta informação genética.

FRANCIS S. COLLINS, M.D., PH. D., médico geneticista conhecido pelas suas descobertas marcantes de genes de doenças e pela sua liderança visionária do Projeto do Genoma Humano (HGP), é o antigo diretor do Instituto Nacional de Investigação do Genoma Humano (NHGRI).

A parte americana do Projeto do Genoma Humano foi inicialmente dirigida por James Watson. A parte americana do projeto do genoma humano foi inicialmente dirigida por James Watson (metade de Crick e Watson, que descobriram a estrutura do ADN) e, mais tarde, por Francis Collins. O Projeto Genoma Humano visava inicialmente mapear os nucleótidos contidos num genoma humano haploide de referência (mais de três mil milhões).

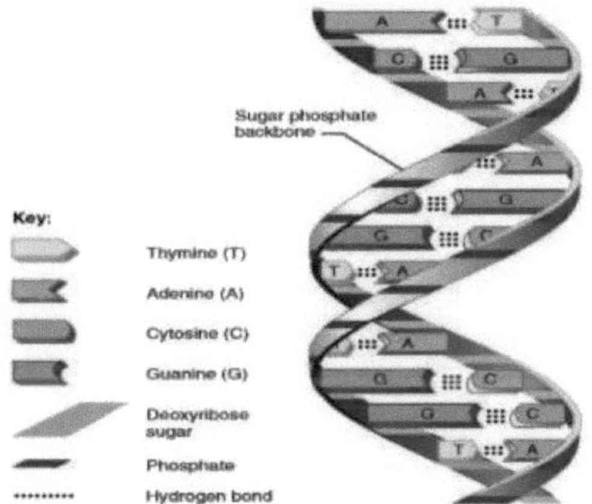

Figura 3.8 Projeto Genoma Humano

O "genoma" de qualquer indivíduo é único; o mapeamento do "genoma humano" envolveu a sequenciação de um pequeno número de indivíduos e a sua posterior montagem para obter uma sequência completa de cada cromossoma. Por conseguinte, o genoma humano acabado é um mosaico, não representando um único indivíduo. Grande parte da utilidade do projeto advém do facto de a grande maioria do genoma humano ser igual em todos os seres humanos.

CAPÍTULO 4

4 Um método numérico

Diz-se que um método numérico é **consistente** se todas as aproximações (diferenças finitas, elementos finitos, volumes finitos, etc.) das derivadas tenderem para o valor exato à medida que o tamanho do passo (Δt, Δx, etc.) **tende para zero**. Diz-se que um método numérico é estável (como os PIV) se o erro não aumentar com o tempo (ou iteração).

4.1 Descoberta da raiz

- Método da bissecção
- Método de Newton Raphson
- Método da secante
- Método da falsa posição

As raízes de uma função f(x) são valores de x que produzem uma saída de 0.

As raízes podem ser números reais ou complexos. Encontrar a raiz de f(x)-g(x) é o mesmo que resolver a equação f(x)=g(x). Resolver uma equação é encontrar os valores que satisfazem a condição especificada pela equação.

Os polinómios de grau inferior (quadráticos, cúbicos e quárticos) têm soluções em forma fechada, mas os métodos numéricos podem ser mais fáceis de utilizar. Para resolver uma equação quadrática, podemos usar a fórmula quadrática:

$$\square\square^2 + \square\square + \square = 0 \quad ; \quad \square = \frac{-\square \pm \sqrt{\square^2 - 4\square\square}}{2\square}$$

4.1.1 Método da bissecção

O método da bissecção começa com duas hipóteses e utiliza um algoritmo de pesquisa binária para melhorar as respostas. Se uma função for contínua entre as duas suposições iniciais, é garantido que o método da bissecção converge.

As vantagens do método da bissecção incluem a garantia de convergência para funções contínuas e o erro é limitado.

As desvantagens do método da bissecção incluem a convergência relativamente lenta e a não convergência em determinadas funções.

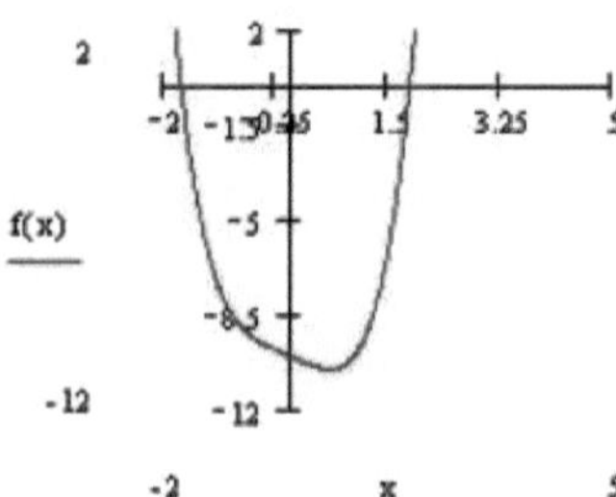

Exemplo de soma

Encontrar a raiz de **x‹ -x-10 = 0,** O gráfico desta equação é dado na figura.

Sejam a = 1,5 e b = 2

Iteração Não.	**a**	**B**	**c**	**f(a) * f(c)**
1	1.5	2	1.75	15.264 (+ve)
2	1.75	2	1.875	-1,149 (-ve)

3	1.75	1.875	1.812	2,419 (+ve)
4	1.812	1.875	1.844	0,303 (-ve)
5	1.844	1.875	1.86	-0,027 (-ve)

Assim, uma das raízes de x^4 -x-10 = 0 é aproximadamente 1,86.

4.1.2 Método de Newton-Raphson

O método de Newton-Raphson começa com uma estimativa inicial da raiz, denotada $x_0 \neq x_r$, e utiliza a tangente de f(x) em XO para melhorar a estimativa da raiz. Em particular, a melhoria, denotada XI, é obtida a partir da determinação de onde a linha tangente a f(x) em XO cruza o eixo x.

O Método de Newton é um método aberto para resolver equações não lineares. Ao contrário de um método de parêntesis (por exemplo, o método da bissecção), o método de Newton necessita de uma estimativa inicial mas não garante a convergência.

A ideia básica do método de Newton é a seguinte:

Dada uma função *f* de "x" e uma estimativa inicial₀ ,para a raiz desta função, uma estimativa melhor $□_1$, é

{\displaystyle x_{1}=x_{0}-{\frac {f(x_{0})}{f'(x_{0})}}} $□_1 = □_0 - □(□_0)/ f'(□_0)$

Esta é a fórmula de Newton-Raphson.

Exemplo de soma

Encontre a raiz cúbica de 12 utilizando o método de Newton Raphson, assumindo x0 = 2,5.

Solução:

Sabemos que, a fórmula iterativa para encontrar a raiz b de a é dada por:

Do dado, a = 12, b = 3

Seja x0 a raiz cúbica aproximada de 12, ou seja, x0 = 2,5.

Então, x1 = *(⅓) [2x0 +* 12/x0 $]^2$

= (⅓) [2(2.5) + 12/(2.5) $]^2$

= (⅓) [5 + 12/6.25]

= (⅓)(5 + 1.92)

= 6.92/3

= 2.306

Agora,

x2 = (⅓)[2x1 + 12/x1 $]^2$

= (1/3) [2(2,306) + 12/(2,306) $]^2$

= (⅓) [4.612 + 12/5.3176]

= (⅓) [4.612 + 2.256]

= 6.868/3

= 2.289

Portanto, a raiz cúbica aproximada de 12 é 2,289.

4.1.3 Método da secante

O método da secante é semelhante ao método de Newton na medida em que é um método aberto e utiliza uma intersecção para obter a estimativa melhorada da raiz. O método da secante evita o cálculo das primeiras derivadas, estimando os valores das derivadas utilizando o declive de uma reta secante.

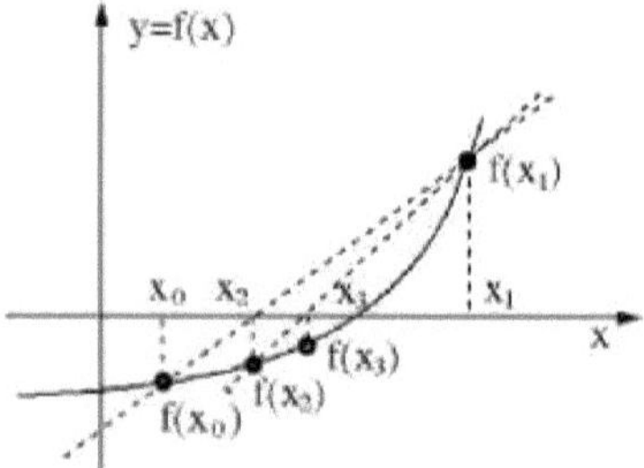

{\ display style x_{n}=x_{n-1 }-f(x_{n-1 }){\ frac {x_{n-1 }-x_{n-2}} {f(x_{n-1 })-f(x_{n-2})}}={\ frac {x_{n-2}f(x_{n-1})-x_{n-1}f(x_{n-2})} {f(x_{n-1})-f(x_{n-2})}}.}

Exemplo de soma:

Calcular duas iterações para a função $f(x) = x^3 - 5x + 1 = 0$ utilizando o método da secante, em que as raízes reais da equação f(x) se situam no intervalo (0, 1).

Solução:

Utilizando os dados fornecidos, temos,

x0 = 0, x1 = 1, e

$f(_{x0}) = 1$, $f(_{x1}) = -3$

Utilizando a fórmula do método da secante, podemos escrever

$X2 = X1 - [(xo - _{x1}) / (f(_{x0}) - f(_{x1}))]f(_{x1})$

Agora, substitui os valores conhecidos na fórmula,

= 1 - [(0 - 1) / ((1-(-3))](-3)

= 0.25.

Por conseguinte, $f(_{x2}) = - 0{,}234375$

Efectuando a segunda aproximação, , $x3 = x2 - [(x1 - _{x2}) / (f(_{x1}) - f(_{x2}))]f(_{x2})$

=(- 0.234375) - [(1 - 0.25)/(-3 - (- 0.234375))](- 0.234375) = 0.186441

Assim, $f(_{x3}) = 0{,}074276$

4.1.4 Método da falsa posição

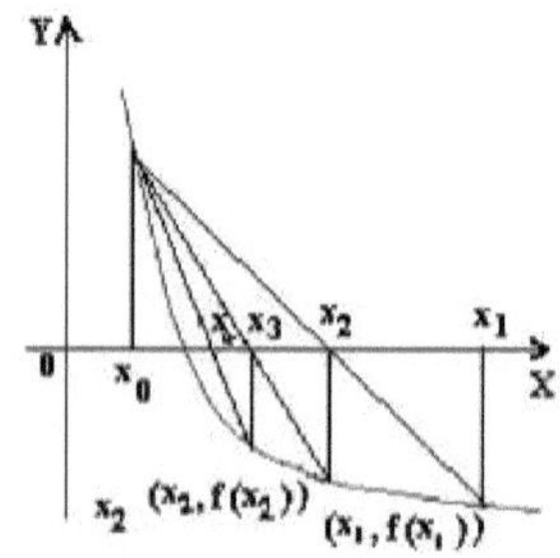

O método da falsa posição é semelhante ao método da bissecção na medida em que requer duas suposições iniciais (método dos parêntesis). Em vez de utilizar o ponto médio como estimativa melhorada, o método da falsa posição utiliza a raiz da reta secante que passa por ambos os pontos finais.

$$m = \frac{f(b) - f(a)}{(b-a)} = \frac{0 - f(b)}{(c-b)}$$

$$\Rightarrow (c-b) * (f(b)-f(a)) = -(b-a) * f(b)$$

$$c = b - \frac{f(b) * (b-a)}{f(b) - f(a)}$$

A seleção de c pela expressão acima chama-se método de Regula-Falsi ou método da posição falsa.

Exemplo de soma:

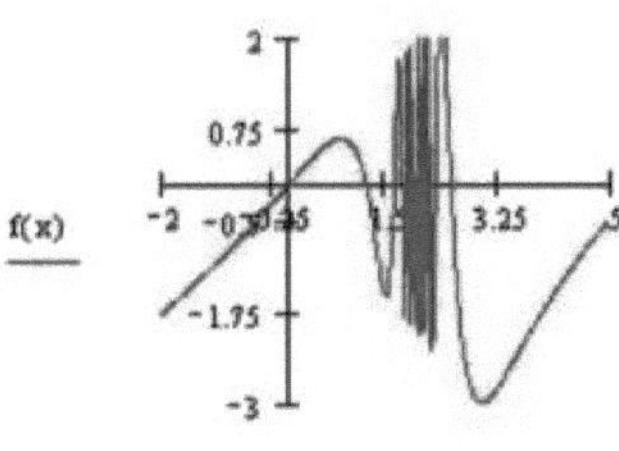

Encontrar a raiz de x * cos[(x)/ (x-2)]=0

O gráfico desta equação é apresentado na figura.

Seja a = 1 e b = 1,5

Iteração Não.	a	b	c	f(a) * f(c)
1	1	1.5	1.133	0,159 (+ve)
2	1.133	1.5	1.194	0,032 (+ve)
3	1.194	1.5	1.214	3,192E-3 (+ve)
4	1.214	1.5	1.22	2,586E-4(+ve)
5	1.22	1.5	1.222	1,646E-5 (+ve)
6	1.222	1.5	1.222	3,811E-9(+ve)

Assim, uma das raízes de **x * cos[(x)/ (x-2)]=0** é aproximadamente **1,222.**

f(a) * f(b) < 0 então b = c > 0 então a = c

= 0 então c é a raiz.

A seleção de **c** pela expressão acima chama-se método de Regula-Falsi ou método da posição falsa.

4.2 INTEGRAÇÃO NUMÉRICA PELA REGRA DE SIMPSONS

Se tivermos f(x) = y, que está igualmente espaçado entre [a, b] e se a = x_0, x_1 = xo + h, x2 = xo + 2h ...., x_n = **xo + nh, onde h é a diferença entre os termos**. Ou podemos dizer que y0 = f(x_0), y1 = f(x_1), y2 = f(x_2), ,y_n = f(x∏) são os valores análogos de y com cada valor de x.

Na integração numérica, **as regras de Simpson** são várias aproximações para integrais definidas, cujo nome vem de Thomas Simpson (1710-1761).

A mais básica dessas regras, chamada **regra do 1/3 de Simpson**, ou simplesmente **regra de Simpson**.

A regra 3/8 de Simpson, também designada por **segunda regra de Simpson**, requer mais uma avaliação da função dentro do intervalo de integração e dá limites de erro mais baixos, mas não melhora a ordem do erro.

O intervalo [a, b] é dividido em subintervalos de largura h

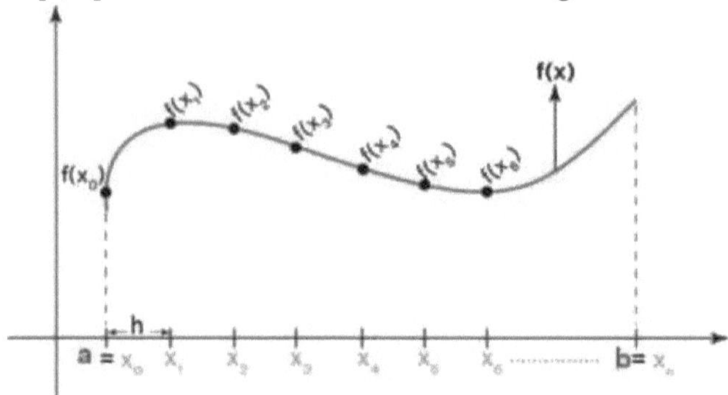

As regras de 1/3 e 3/8 de Simpson são dois casos especiais de fórmulas fechadas de Newton-Cotes.

Derivação da regra de 1/3 de Simpson

Vamos derivar a regra do 1/3 de Simpson onde vamos aproximar o valor do integral definido^b $\int_a$ f(x) dx

dividindo a área sob a curva f(x) em parábolas. Para isso, dividamos o intervalo [a, b] em n subintervalos

x1 x_2..., [x_{n-2}, x_{n-1}], [x_{n-1}, x_n] cada um de largura "h", em que x = a e x não definido = b.

Vamos agora aproximar a área sob a curva considerando cada 3 pontos sucessivos como estando numa parábola. Aproximemos a área sob a curva situada entre x1 e x_n desenhando uma parábola que passa pelos pontos x_1, x2 e x_n. É claro que os três pontos podem não se encontrar numa única parábola. Mas vamos tentar desenhar uma parábola aproximada que passe por estes três pontos.

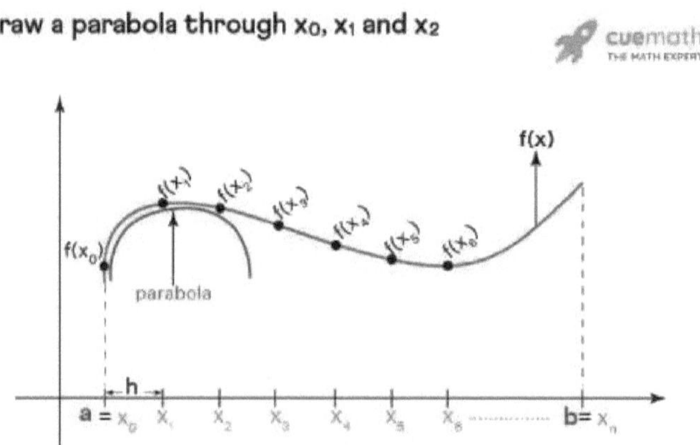

Vamos tornar esta parábola simétrica em relação ao eixo y. Então, passa a ser algo do género:

A parábola é simétrica em relação ao eixo y

The parabola is made to be symmetric about y-axis

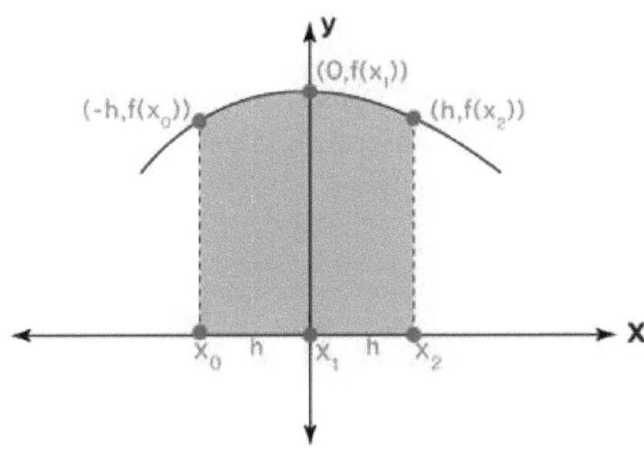

Suponhamos que a equação da parábola é $y = ax^2 + bx + c$. Então a área entre x_a e x_b é aproximada pelo integral definido:

Área entre xo e x2 ≈ não def.não def.$\int^h (ax^2 + bx + c)\, dx$

$= (ax^3/3 + bx^2/2 + cx)$ -não def.não def. $|^h$

$= (2ah^3/3 + 0 + 2ch)$

$= h/3\ (2ah^2 + 6c)$ ... (1)

Vejamos outra observação a partir da figura acima.

$f(x_a) = a(-h)^2 + b(-h) + c = ah^2 - bh + c$

$f(x_b) = a(0)^2 + b(0) + c = c$

$f(x_n) = a(h)^2 + b(h) + c = ah^2 + bh + c$

{\ displaystyle \int {a }^{ b} bx)\,dx\approx {\ frac {b-a}{6}}}\left[f(a)+4f\left({\frac {a+b}{2}}\right)+f(b)\right].}

$= (ah^2 - bh + c) + 4c + (ah^2 + bh + c) = 2ah^2 + 6c.$

Substituir este valor em (1):

Calculando as outras áreas de forma semelhante, obtemos

$^b\int_a f(x)\, dx$

=	h/3	(f(x)	+	4f(x)	+	f(x))
+	h/3	(f(x)	+	4f(x)	+	f(x))
+						...

$+ h/3\ (f(x_{n-2}) + 4f(x_{n-1}) + f(x_n))$

$\approx (h/3)\ [f(x_0)+4\ f(x_1)+2\ f(x_2)+ \ldots +2\ f(x_{n-2})+4\ f(x_{n-1})+f(x_n)]$

Os termos semelhantes são combinados aqui.

Assim, derivámos a fórmula da regra de Simpson.

4.3 Método de Euler

O método de Euler é **um método de primeira ordem**, o que significa que o erro local (erro por passo) é proporcional ao quadrado do tamanho do passo, e o erro global (erro num determinado momento) é proporcional ao tamanho do passo.

Se um problema de valor inicial

$y' = f(x, y), y(x_0) = y_0$ ---(1)

não pode ser resolvido analiticamente, é necessário recorrer a métodos numéricos para obter aproximações úteis para uma solução da Equação (1).

Calculamos os valores aproximados da solução da Equação (1) em pontos igualmente espaçados $x_0, x_1, ..., x_n = b$ num intervalo $[x_0, b]$. Assim,

$x_i = x_0 + ih$, i=0,1,..., n,

em que, $h = b - x_0/n$.

Denotaremos os valores aproximados da solução nesses pontos por y0, y1, ., yn; assim, yi é uma aproximação de y(xi). chamaremos ei = y(xi)-yi

o *erro no* i-ésimo passo. Devido à condição inicial y(x0)=y0, teremos sempre e0=0. No entanto, em geral ei≠0 se i>0.

Encontramos duas fontes de erro na aplicação de um método numérico para resolver um problema de valor inicial:

As fórmulas que definem o método baseiam-se num tipo de aproximação. Os erros devidos à inexatidão da aproximação são designados por *erros de truncagem.*

Os computadores efectuam a aritmética com um número fixo de dígitos, pelo que cometem erros na avaliação das fórmulas que definem os métodos numéricos. Os erros devidos à incapacidade do computador para fazer aritmética exacta são designados por *erros de arredondamento.*

O método numérico mais simples para resolver a Equação (1) é o *método de Euler*. Este método é tão rudimentar que raramente é utilizado na prática; no entanto, a sua simplicidade torna-o útil para fins ilustrativos. O método de Euler baseia-se no pressuposto de que a reta tangente à curva integral de (1) em (xi,y(xi)) aproxima a curva integral no intervalo [xi,xi+1]. Como o declive da curva integral de (1) em (xi,y(xi)) é y'(xi)=f(xi,y(xi)), a equação da reta tangente à curva integral em (xi,y(xi)) é

$y = y(x_i) + f(x_i, y(x_i))(x - x_i)$ --(2)

Colocando x=xi+1=xi+h na Equação(1), obtém-se yi+1=y(xi)+hf(xi,y(xi)) -(3)

como uma aproximação a y(xi+1). Uma vez que y(x0)=y0 é conhecido, podemos utilizar a Equação(3) com i=0 para calcular

y1=y0+hf(x0,y0)

No entanto, colocando i=1 na Equação (3), obtém-se

y2=y(x1)+hf(x1,y(x1)),

o que não é útil, uma vez que *não sabemos* y(x1). Assim, substituímos y(x1) pelo seu valor aproximado y1 e redefinimos

y2=y1+hf(x1,y1)

Tendo calculado y2, podemos calcular y3=y2+hf(x2,y2)

Em geral, o método de Euler começa com o valor conhecido y(x0)=y0 e calcula y1, y2, ..., yn sucessivamente através da fórmula yi+1=yi+hf(xi,yi),0≤i≤n-1 -(4)

Isto ilustra o método de Euler.

4.4 MÉTODO DE RUNGE-KUTTA

O método de Runge-Kutta é **um método eficaz e amplamente utilizado para resolver os problemas de valores iniciais de equações diferenciais**. O método de Runge-Kutta pode ser utilizado para construir um método numérico exato de alta ordem através das próprias funções, sem necessitar das derivadas de alta ordem das funções.

Considere-se uma equação diferencial ordinária da forma dy/dx = f(x, y) com a condição inicial $y(x_0) = y_0$. Para isso, podemos definir as fórmulas para os métodos de Runge-Kutta da seguinte forma.

Método de Runge-Kutta de 1ª ordem

$y1 = y0 + hf(x_0, y_0) = y0 + hy'_0$ {uma vez que $y' = f(x, y)$}

Esta fórmula é igual ao método de Euler

Método de Runge-Kutta de 2ª ordem

$y1 = y0 + (½) (k1 + k_2)$

Aqui,

$k1 = hf(x_0, y_0)$

$k2 = hf(x0 + h, y0 + k_1)$

Método de Runge-Kutta de 3ª ordem

$y1 = y0 + (⅙) (k1 + 4k2 + k_3)$

Aqui,

$k1 = hf(x_0, y_0)$

$k2 = hf[x0 + (½)h , y0 + (½)k_1]$

$k3 = hf(x0 + h , y0 + k^1)$ de tal modo que $k^1 = hf(x0 + h, y0 + k_1)$

Método RK de quarta ordem

O método de Runge Kutta mais utilizado para encontrar a solução de uma equação diferencial é o método RK4, ou seja, o método de Runge-Kutta de quarta ordem. O método de Runge-Kutta fornece o valor aproximado de y para um dado ponto x. Apenas as EDOs de primeira ordem podem ser resolvidas utilizando o método de Runge Kutta RK4.

Fórmula do método de Runge-Kutta de quarta ordem

A fórmula para o método de Runge-Kutta de quarta ordem é dada por:

$y1 = y0 + (⅙) (k1 + 2k2 + 2k3 + k_4)$

Aqui,

$k1 = hf(x_0, y_0)$

$k2 = hf[x0 + (½)h, y0 + (½)k_1]$

$k3 = hf[x0 + (½)h, y0 + (½)k_2]$

$k4 = hf(x0 + h, y0 + k_3)$

Exemplo 1

Considere uma equação diferencial ordinária $dy/dx = x^2 + y^2$, y(1) = 1,2. Encontre y(1,05) utilizando o método de Runge-Kutta de quarta ordem.

Solução

Dado, $dy/dx = x^2 + y^2$, y(1) = 1,2

Assim, $f(x, y) = x^2 + y^2$ x0 = 1 e y0 = 1,2 Além disso, h = 0,05

Calculemos os valores de k_1, k_2, k3 e k_4.

$k1 = hf(x_0, y_0) = (0.05) [x_0^2 + y_0^2] = (0.05) [(1)^2 + (1.2)]^2$

= (0.05) (1 + 1.44)

= (0.05)(2.44)

= 0.122

$k2 = hf[x0 + (½)h, y0 + (½)k_1]$

= (0,05) [f(1 + 0,025, 1,2 + 0,061)] {uma vez que h/2 = 0,05/2 = 0,025 e $k_{1/2}$= 0,122/2 = 0,061} = (0,05) [f(1,025, 1,261)]

$= (0,05) [(1,025)^2 + (1,261)]^2$

= (0.05) (1.051 + 1.590)

= (0.05)(2.641)

= 0.1320

k3 = hf[x0 + (½)h, y0 + (½)k2]

= (0,05) [f(1 + 0,025, 1,2 + 0,066)] {uma vez que h/2 = 0,05/2 = 0,025 e k2/2 = 0,132/2 = 0,066} = (0,05) [f(1,025, 1,266)]

= (0,05) $[(1,025)^2 + (1,266)]^2$

= (0.05) (1.051 + 1.602)

= (0.05)(2.653)

= 0.1326

k4 = hf(x0 + h, y0 + k3)

= (0.05) [f(1 + 0.05, 1.2 + 0.1326)]

= (0.05) [f(1.05, 1.3326)]

= (0,05) $[(1,05)^2 + (1,3326)]^2$

= (0.05) (1.1025 + 1.7758)

= (0.05)(2.8783)

= 0.1439

Pelo método RK4, temos;

y1 = y0 + (⅙) (k1 + 2k2 + 2k3 + k4)

y1 = y(1,05) = y0 + (⅙) (k1 + 2k2 + 2k3 + k4)

Substituindo os valores de y0, k1, k2, k3 e k4, obtemos

y(1.05) = 1.2 + (⅙) [0.122 + 2(0.1320) + 2(0.1326) + 0.1439]

= 1.2 + (⅙) (0.122 + 0.264 + 0.2652 + 0.1439)

= 1.2 + (⅙) (0.7951)

= 1.2 + 0.1325

= 1.3325

Exemplo 2

Encontrar o valor de k1 pelo método de Runge-Kutta de quarta ordem se $dy/dx = 2x + 3y^2$ e y(0,1) = 1,1165, h = 0,1.

Solução

Dado,

$dy/dx = 2x + 3y^2$ e y(0,1) = 1,1165, h = 0,1

Portanto, $f(x, y) = 2x + 3y^2$

x0 = 0,1, y0 = 1,1165

Pelo método de Runge-Kutta de quarta ordem , temos

k1 = hf(x0, y0)

= (0.1) f(0.1, 1.1165)

= (0,1) $[2(0,1) + 3(1,1165)]^2$

= (0.1) [0.2 + 3(1.2465)]

= (0.1)(0.2 + 3.7395)

= (0.1)(3.9395)

= 0.39395

4.5 Método das aproximações sucessivas de Picard

Depois de estudar os vários métodos para resolver e estimar numericamente soluções para equações diferenciais de primeira ordem com valores iniciais, pode perguntar-se se existe alguma teoria que informe sobre a existência e unicidade das soluções que encontrou. A resposta é um retumbante "sim"! Para uma equação diferencial

$$\frac{dy}{dx} = f(x, y); y(0) = y_0$$

se os termos são contínuos em (0, y_0), então existe uma solução única tal que

$$\phi(0) = y_0$$

A prova desta afirmação assenta no chamado **Método das Aproximações Sucessivas de Picard.** O método de Picard gera uma sequência de aproximações algébricas cada vez mais precisas da solução exacta específica da equação diferencial de primeira ordem com valor inicial. A sequência é designada por **Sequência de Soluções Aproximadas de Picard,** e pode demonstrar-se que converge exatamente para uma função, ⅛(^{x}) , da variável independente.

O método

Dada uma equação diferencial de primeira ordem com valor inicial

$$\frac{dy}{dx} = f(x, y); y(0) = y_0$$

A sequência de soluções aproximadas sucessivas de Picard é gerada por

$$\phi_{n+1}(x) = \int_0^x f(s, \phi_n(s))ds$$

Uma prova de que esta sequência converge exatamente para a função solução, *c ~,* pode ser encontrada em qualquer texto normalizado sobre equações diferenciais.

Exemplo

$$\frac{dy}{dx} = x + y_2^2$$

$$= x + \frac{x^4}{4} + \frac{x^7}{20} + \frac{x^{10}}{400}.$$

Example

Example:- Solve the differential equation

$\frac{dy}{dx} = y^2 + x, y(0) = 0$ by Picard's method when

x = 0.1, x = 0.2.

- **Solution .** The first approximation be y_1 and y_1 = 0 $+ \int_0^x (x + 0)dx = \frac{x^2}{2}$.

  The second approximation be y_2 and

  y_2=0 $+\int_0^x \left(x + \frac{x^4}{4}\right) dx = \frac{x^2}{2} + \frac{1}{20}x^5$.

Picard Method – Example

$y' = 1 + xy \qquad (0,1)$

$$y_1 = y_0 + \int_{x_0}^{x} (1 + xy_0)\,dx$$
$$= 1 + \int_0^x (1 + x)\,dx$$
$$= 1 + x + \tfrac{1}{2}x^2$$

$$y_2 = y_0 + \int_{x_0}^{x} (1 + xy_1)\,dx$$
$$= 1 + \int_0^x \left(1 + x\left(1 + x + \tfrac{1}{2}x^2\right)\right)dx$$
$$= 1 + x + \tfrac{1}{2}x^2 + \tfrac{1}{3}x^3 + \tfrac{1}{8}x^4$$

$$y_3 = y_0 + \int_{x_0}^{x} (1 + xy_2)\,dx$$
$$= 1 + \int_0^x \left(1 + x\left(1 + x + \tfrac{1}{2}x^2 + \tfrac{1}{3}x^3 + \tfrac{1}{8}x^4\right)\right)dx$$
$$= 1 + x + \tfrac{1}{2}x^2 + \tfrac{1}{3}x^3 + \tfrac{1}{8}x^4 + \tfrac{1}{15}x^5 + \tfrac{1}{48}x^6$$

$$y_4 = y_0 + \int_{x_0}^{x} (1 + xy_3)\,dx$$
$$= 1 + \int_0^x \left(1 + x\left(1 + x + \tfrac{1}{2}x^2 + \tfrac{1}{3}x^3 + \tfrac{1}{8}x^4 + \tfrac{1}{15}x^5 + \tfrac{1}{48}x^6\right)\right)dx$$
$$= 1 + x + \tfrac{1}{2}x^2 + \tfrac{1}{3}x^3 + \tfrac{1}{8}x^4 + \tfrac{1}{15}x^5 + \tfrac{1}{48}x^6 + \tfrac{1}{105}x^7 + \tfrac{1}{384}x^8$$

- Continue to iterate until a desire level of accuracy is obtained in y

CAPÍTULO 5

5 DINÂMICA DE PROCESSOS NÃO LINEARES

A dinâmica não linear é o ramo da física que estuda sistemas regidos por equações mais complexas do que a forma linear, aX+b.

5.1 Sistemas não lineares

Os sistemas não lineares, como o clima ou os neurónios, parecem muitas vezes caóticos, imprevisíveis ou contra-intuitivos, mas o seu comportamento não é aleatório. Os modelos de dinâmica não linear podem ser utilizados para estudar sistemas espacialmente alargados, tais como ondas acústicas, problemas de transmissão eléctrica, ondas de plasma, etc.

Estes problemas foram modelados utilizando uma cadeia linear de osciladores discretos com acoplamento do vizinho mais próximo. Naturalmente, o limite de tais modelos é a física contínua, como a acústica ou a mecânica dos fluidos, para a qual se utilizam equações diferenciais parciais no espaço e no tempo. Quando o acoplamento entre os osciladores é não linear, pode ocorrer um fenómeno conhecido como dinâmica *de ondas solitárias*. Os solitões são ondas semelhantes a impulsos que se podem propagar ao longo da cadeia linear. As ondas que se movem para a esquerda e para a direita podem intersectar-se e emergir como ondas para a esquerda e para a direita sem distorção.

Um exemplo é a chamada rede de Toda, na qual se assume que a força entre partículas varia exponencialmente. A teoria dos sistemas não lineares é um novo paradigma científico que se desenvolveu a partir da constatação de que a variação aparentemente aleatória pode moldar as trajectórias evolutivas irreversíveis de sistemas complexos. As equações dinâmicas não lineares são difíceis de resolver, pelo que os sistemas não lineares são normalmente aproximados por equações lineares (linearização). Isto funciona bem até uma certa precisão e uma certa amplitude dos valores de entrada, mas alguns fenómenos interessantes, como os solitões, o caos e as singularidades, são ocultados pela linearização. Em matemática e ciências, um sistema não linear é um sistema em que a variação da saída não é proporcional à variação da entrada. Os problemas não lineares interessam a engenheiros, biólogos, físicos, matemáticos e muitos outros cientistas porque a maior parte dos sistemas são inerentemente não lineares por natureza.

Os sistemas dinâmicos não lineares, que descrevem alterações nas variáveis ao longo do tempo, podem parecer caóticos, imprevisíveis ou contra-intuitivos, contrastando com sistemas lineares muito mais simples.

Normalmente, o comportamento de um sistema não linear é descrito em matemática por um sistema não linear de equações, que é um conjunto de equações simultâneas em que as incógnitas (ou as funções desconhecidas, no caso das equações diferenciais). A dinâmica não linear é o ramo da física que estuda os sistemas regidos por equações mais complexas do que a forma linear, aX+b. Os sistemas não lineares, como o **clima ou os neurónios**, parecem muitas vezes caóticos, imprevisíveis ou contra-intuitivos, mas o seu comportamento não é aleatório.

Os modelos de dinâmica não linear podem ser utilizados **para estudar sistemas espacialmente alargados, tais como ondas acústicas, problemas de transmissão eléctrica, ondas de plasma**, etc. Estes problemas foram modelados utilizando uma cadeia linear de osciladores discretos com acoplamento de vizinhos mais próximos, como se mostra na Figura 5.1.

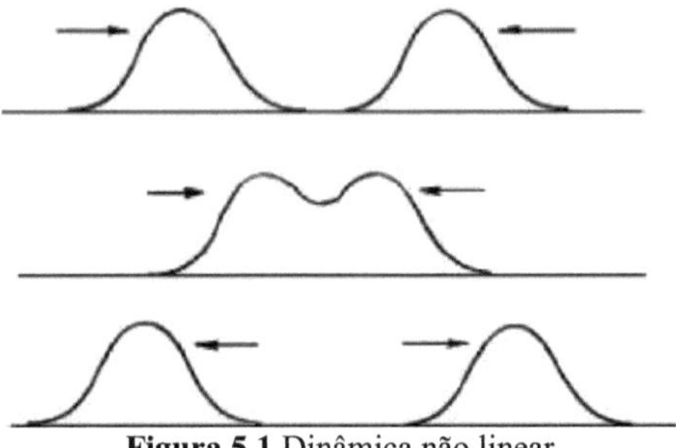

Figura 5.1 Dinâmica não linear

5.2 MÉTODO DO PLANO DE FASE

O método do plano de fase consiste em determinar graficamente a existência de ciclos limite nas soluções de uma equação diferencial. As soluções da equação diferencial são uma família de funções. Graficamente, esta pode ser representada no plano de fase como um campo vetorial bidimensional. O método do plano de fase refere-se à determinação gráfica da existência de ciclos limite nas soluções da equação diferencial.

As soluções da equação diferencial são uma família de funções. Graficamente, esta pode ser representada no plano de fase como um campo vetorial bidimensional. São desenhados vectores que representam as derivadas dos pontos em relação a um parâmetro (por exemplo, o tempo t), ou seja, (dx/dt, dy/dt), em pontos representativos. Com um número suficiente destas setas, o comportamento do sistema nas regiões do plano em análise pode ser visualizado e os ciclos limite podem ser facilmente identificados.

O campo inteiro é o *retrato de fase*, um caminho particular tomado ao longo de uma linha de fluxo (isto é, um caminho sempre tangente aos vectores) é um *caminho de fase*. Os fluxos no campo vetorial indicam a evolução temporal do sistema que a equação diferencial descreve.

Desta forma, os planos de fase são úteis para visualizar o comportamento de sistemas físicos; em particular, de sistemas oscilatórios como os modelos predador-presa (ver equações de Lotka-Volterra). Nestes modelos, as trajectórias das fases podem "entrar em espiral" em direção a zero, "sair em espiral" em direção ao infinito ou atingir situações neutras e estáveis, designadas por centros, em que a trajetória traçada pode ser circular, elíptica ou ovoide, ou uma variante destas. Isto é útil para determinar se a dinâmica é estável ou não.

Outros exemplos de sistemas oscilatórios são certas reacções químicas com várias etapas, algumas das quais envolvem equilíbrios dinâmicos em vez de amplexo. Nestes casos, é possível modelar o aumento e a diminuição da concentração do reagente e do produto (ou massa, ou quantidade de substância) com as equações diferenciais correctas e um bom conhecimento da cinética química.

Em matemática aplicada, em particular no contexto da análise de sistemas não lineares, um plano de fase é uma representação visual de certas características de certos tipos de equações diferenciais; um plano de coordenadas cujos eixos são os valores das duas variáveis de estado, digamos (x, y), ou (q, p), etc. (qualquer par de variáveis). É um caso bidimensional do espaço de fase geral *n-dimensional*.

O método do plano de fase consiste em determinar graficamente a existência de ciclos limite nas soluções da equação diferencial.

As soluções da equação diferencial são uma família de funções. Graficamente, esta pode ser representada no plano de fase como um campo vetorial bidimensional. São desenhados vectores que representam as derivadas dos pontos em relação a um parâmetro (por exemplo, o tempo *t*), ou seja, (*dx*/*dt*, *dy*/*dt*), em pontos representativos. Com um número suficiente destas setas, o comportamento do sistema nas regiões do plano em análise pode ser visualizado e os ciclos limite podem ser facilmente identificados.

O campo inteiro é o *retrato de fase*, um caminho particular tomado ao longo de uma linha de fluxo (isto é, um caminho sempre tangente aos vectores) é um *caminho de fase*. Os fluxos no campo vetorial indicam a evolução temporal do sistema que a equação diferencial descreve.

Desta forma, os planos de fase são úteis para visualizar o comportamento de sistemas físicos; em particular, de sistemas oscilatórios como os modelos predador-presa (ver equações de Lotka-Volterra). Nestes modelos, as trajectórias das fases podem "entrar em espiral" em direção a zero, "sair em espiral" em direção ao infinito ou atingir situações neutras e estáveis, designadas por centros, em que a trajetória traçada pode ser circular, elíptica ou ovoide, ou uma variante destas. Isto é útil para determinar se a dinâmica é estável ou não.

Outros exemplos de sistemas oscilatórios são certas reacções químicas com várias etapas, algumas das quais envolvem equilíbrios dinâmicos em vez de reacções que vão até ao fim. Nestes casos, é possível modelar a subida e descida da concentração do reagente e do produto (ou massa, ou quantidade de substância) com as equações diferenciais correctas e um bom conhecimento da cinética química. Os vectores próprios e os nós determinam o perfil dos caminhos das fases, fornecendo uma interpretação pictórica da solução do sistema dinâmico, como se mostra a seguir.

Antes de procedermos à resolução de sistemas de equações diferenciais, há um tópico que temos de analisar. Este é um tópico que nem sempre é ensinado numa aula de equações diferenciais, mas caso esteja num curso em que seja ensinado, devemos abordá-lo para que esteja preparado para ele.

Comecemos por um sistema homogéneo geral,

→x-A→x

Observe que

→x-→0

é uma solução do sistema de equações diferenciais. O que gostaríamos de perguntar é se as outras soluções do sistema se aproximam desta solução à medida que t aumenta ou se se afastam desta solução. Fizemos algo semelhante a isto quando classificámos as soluções de equilíbrio numa secção anterior. De facto, o que estamos a fazer aqui é simplesmente uma extensão desta ideia aos sistemas de equações diferenciais.

A solução →x-→0 é designada por **solução de equilíbrio** do sistema. Tal como no caso das equações diferenciais simples, as soluções de equilíbrio são aquelas para as quais A→x-→0

Vamos assumir que A é uma matriz não-singular e, portanto, terá apenas uma solução, →x-
→0

e assim teremos apenas uma solução de equilíbrio.

Voltando ao caso da equação diferencial simples, recordemos que começámos por escolher valores de y e introduzi-los na função f(y) para determinar valores de y'. Em seguida, utilizámos esses valores para esboçar tangentes à solução para esse valor particular de y. A partir daí, podíamos esboçar algumas soluções e utilizar essa informação para classificar as soluções de equilíbrio.

Vamos fazer algo semelhante aqui, mas também será um pouco diferente. Primeiro, vamos restringir-nos ao caso 2×2. Então, vamos olhar para sistemas da forma, x ' 1=ax1+bx2x

'2=cx1 +dx2 ≠>→x '=(abcd)→x

As soluções para este sistema serão da forma, →x-(x1(t)x2(t))

e a nossa solução única de equilíbrio será,

→x-(00)

No caso da equação diferencial simples, conseguimos esboçar a solução, y(t) no plano *y-t* e ver as soluções reais. No entanto, isto seria um pouco difícil neste caso, uma vez que as nossas soluções são na realidade vectores. O que vamos fazer aqui é pensar nas soluções do sistema como pontos no plano x1x2 e traçar esses pontos. A nossa solução de equilíbrio corresponderá à origem do plano x1x2 e o plano x1x2 é designado por **plano de fase**.

Para esboçar uma solução no plano de fase, podemos escolher valores de *t* e introduzi-los na solução. Isto dá-nos um ponto no plano x1x2 ou plano de fase que podemos traçar. Fazendo isto para muitos valores de t, obteremos um esboço do que a solução estará a fazer no plano de fase. Um esboço de uma solução particular no plano de fase é chamado a **trajetória** da solução. Quando tivermos a trajetória de uma solução esboçada, podemos perguntar se a solução se aproxima ou não da solução de equilíbrio à medida que t aumenta.

Gostaríamos de poder esboçar trajectórias sem ter as soluções na mão. Há duas formas de o fazer. Veremos uma delas aqui e a outra nas próximas secções.

Uma forma de obter um esboço das trajectórias é fazer algo semelhante ao que fizemos da primeira vez que analisámos as soluções de equilíbrio. Podemos escolher valores de →x (note-se que estes serão pontos no plano de fase) e calcular A→x. Isto dará um vetor que representa →x') nessa solução particular. Tal como no caso da equação diferencial simples, este vetor será tangente à trajetória nesse ponto. Podemos esboçar um conjunto de vectores tangentes e depois esboçar as trajectórias.

Esta é uma forma bastante trabalhosa de o fazer e não é a forma de o fazer em geral. No entanto, é uma forma de obter trajectórias sem fazer qualquer trabalho de solução. Tudo o que precisamos é do sistema de equações diferenciais. Vejamos um exemplo rápido.

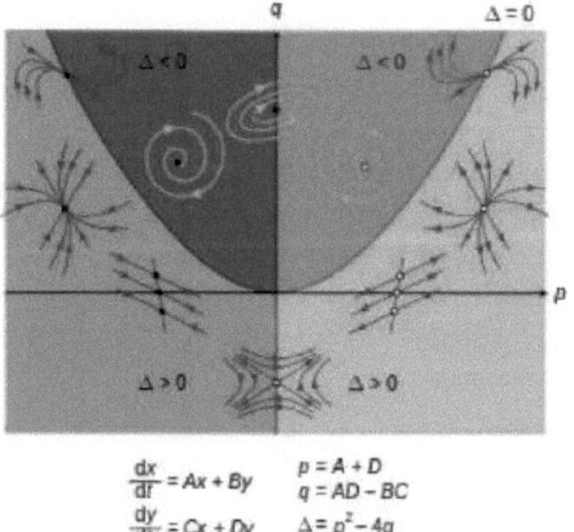

Figura 5.2 Diagrama do plano de fase

Classificação dos pontos de equilíbrio de um sistema autónomo linear. Estes perfis surgem também para sistemas autónomos não lineares em aproximações linearizadas.

O plano de fase é então definido primeiro desenhando linhas rectas que representam os dois vectores próprios (que representam situações estáveis em que o sistema converge para essas

linhas ou
diverge para longe deles). Em seguida, o plano de fase é traçado utilizando linhas completas em vez de traços de campo de direção. Os sinais dos valores próprios indicam o comportamento do plano de fase-

Se os sinais forem opostos, a intersecção dos vectores próprios é um ponto de sela.

Se os sinais forem ambos positivos, os vectores próprios representam situações estáveis das quais o sistema diverge, e a intersecção é um **nó** instável.

Se os sinais forem ambos negativos, os vectores próprios representam situações estáveis para as quais o sistema converge e a intersecção é um nó estável.

O acima exposto pode ser visualizado recordando o comportamento dos termos exponenciais nas soluções de equações diferenciais.

- ***Valores próprios repetidos***

Este exemplo cobre apenas o caso de valores próprios reais e separados. Os valores próprios reais e repetidos requerem a resolução da matriz de coeficientes com um vetor desconhecido e o primeiro vetor próprio para gerar a segunda solução de um sistema dois por dois. No entanto, se a matriz for simétrica, é possível utilizar o vetor próprio ortogonal para gerar a segunda solução.

- ***Valores próprios complexos***

Os valores próprios e os vectores próprios complexos geram soluções sob a forma de senos e cossenos, bem como de exponenciais. Uma das simplicidades desta situação é que apenas um dos valores próprios e um dos vectores próprios são necessários para gerar o conjunto completo de soluções para o sistema.

5.3 DIFERENTES MÉTODOS DE EXCITAÇÃO

Os sistemas de excitação podem ser definidos como o sistema que fornece corrente de campo ao enrolamento do rotor de um gerador. ***Os quatro métodos comuns de excitação incluem***

- Em derivação ou auto-excitado.
- Sistema de reforço da excitação (EBS)
- Gerador de ímanes permanentes (PMG)
- Enrolamento auxiliar (AUX)

Os sistemas de excitação têm duas classificações gerais - excitadores rotativos ou excitadores estáticos. Os excitadores rotativos incluem os tipos sem escovas e com escovas, e têm normalmente as seguintes características: Normalmente montados na extremidade do eixo do gerador. Utilizam uma corrente de excitação tipicamente inferior a 150 amperes. Os sistemas de excitação de máquinas síncronas podem ser classificados em três grandes grupos com base na fonte de alimentação utilizada como fonte de excitação. Trata-se de sistemas de excitação de corrente contínua, de excitação de corrente alternada e de excitação estática. A função básica de um sistema de excitação é fornecer uma corrente contínua (CC) ao enrolamento de campo de uma máquina síncrona. Isto é conseguido através da utilização de controlo em circuito fechado (ou controlo de realimentação). A excitação é o processo de electromagnetização de um pólo através da aplicação de corrente eléctrica à bobina de um motor. Existem dois conjuntos de bobinas de motor, a bobina de fase A e a bobina de fase B, e cada uma delas corresponde a dois pólos: pólo positivo e pólo negativo. O estator da excitatriz é um componente de um gerador CA (ou alternador) e faz parte do sistema de excitação do alternador. É fabricado principalmente a partir de cobre enrolado e aço elétrico.

Tensão ou corrente de excitação: É fornecida aos enrolamentos de campo de um rotor para produzir um campo magnético estático. Se utilizarmos corrente alternada em vez de corrente contínua, obteremos um campo magnético flutuante.

5.3.1 Mais sobre sistemas de excitação

Os sistemas de excitação são definidos como o sistema que fornece corrente de campo ao enrolamento do rotor de um gerador. Os sistemas de excitação bem concebidos proporcionam fiabilidade de funcionamento, estabilidade e resposta rápida a transientes .

Os quatro métodos comuns de excitação incluem:

- Shunt ou auto-excitado
- Sistema de reforço da excitação (EBS)
- Gerador de ímanes permanentes (PMG)
- Enrolamento auxiliar (AUX)

Cada método tem as suas vantagens individuais. Todos os métodos utilizam um Regulador Automático de Tensão (AVR) para fornecer a saída DC ao estator da excitatriz. A saída CA do rotor da excitadora é rectificada para uma entrada CC para o rotor do gerador principal. Os sistemas mais avançados utilizam uma entrada adicional para o regulador. Este artigo explora a construção, função e aplicação de cada método e inclui diagramas e ilustrações para cada um deles.

Regulador automático de tensão (AVR)

A construção do regulador varia consoante a excitação utilizada. Todos recebem uma entrada do estator do gerador quando este roda. Os reguladores com a capacidade de receber uma segunda entrada para reduzir ou eliminar os harmónicos internos causados pelos sinais de retorno da carga são utilizados para aplicações com cargas não lineares.

Os dois tipos normalmente utilizados são:

- Retificador controlado por silicone (SCR) - Detecta o nível de potência do estator e determina o seu disparo para a tensão da excitatriz. Pode causar problemas quando utilizado com cargas não lineares.
- Transístor de efeito de campo (FET) - Detecta o nível de potência do estator e traduz-o num sinal modulado por largura de impulso (PWM) para o excitador. Este tipo de regulador pode ser utilizado para métodos de excitação. As cargas não lineares não causam retroalimentação, resultando em avarias na excitação.

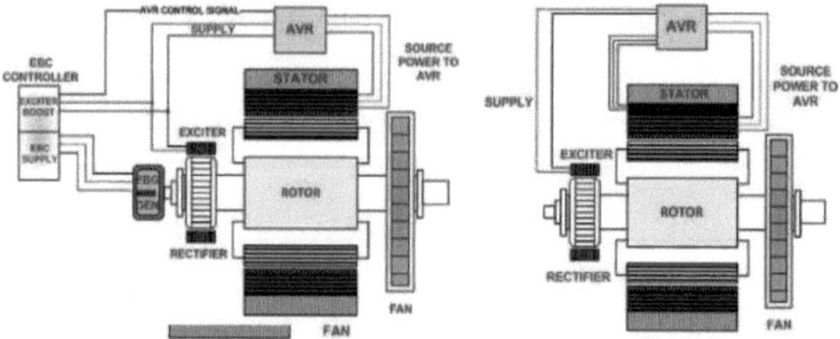

Figura 5.3 AVR

Shunt ou auto-excitado

O método de derivação é caracterizado por uma conceção simples e económica para fornecer energia de entrada ao
AVR. Este método não requer componentes ou cablagem adicionais. Quando surgem problemas, a resolução de problemas é simplificada com menos componentes e cablagem

para validar.

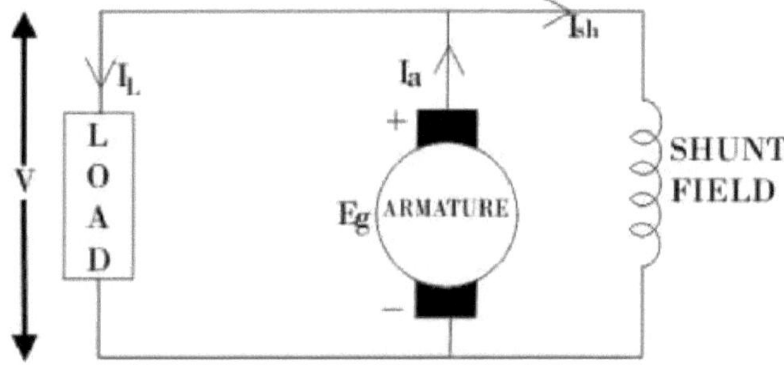

Gcnrrators ShiitLt Woimil

Figura 5.4 Shunt ou auto-excitado

À medida que o gerador roda, o estator fornece tensão de entrada ao regulador. Além disso, o regulador tem sensores que monitorizam a saída do estator.

O regulador alimenta a excitatriz e é rectificado para corrente contínua. A corrente é induzida no estator para a saída da carga.

A maior desvantagem deste sistema é que o regulador é afetado pela carga que o gerador está a alimentar. Quando a carga aumenta, a tensão começa a diminuir e o regulador tem de fornecer mais corrente à excitatriz para suportar a procura. Isto leva o regulador aos seus limites. Se o regulador for empurrado para além dos seus limites, o campo de excitação entra em colapso. A tensão de saída é reduzida a uma pequena quantidade.

Se ocorrer um curto-circuito na alimentação do regulador, o gerador não terá uma fonte de excitação. Isto provoca uma perda de potência do gerador.

Os geradores com métodos shunt ou auto-excitados podem ser utilizados em cargas lineares (carga constante). As aplicações com cargas não lineares (carga variável) não são recomendadas para geradores com este método de excitação. As harmónicas associadas às cargas não lineares podem provocar avarias no campo de excitação.

Sistema de reforço da excitação (EBS)

O sistema EBS é composto pelos mesmos componentes básicos que fornecem entradas e recebem saídas do AVR. Os componentes adicionais deste sistema são:

- Módulo de controlo do impulso de excitação (EBC)
- Gerador de impulso de excitação (EBG).

O EBG é montado na extremidade motriz do alternador. O seu aspeto físico é idêntico ao de um íman permanente. O EBG fornece energia ao controlador à medida que o veio do gerador roda.

O módulo de controlo EBC está ligado em paralelo ao regulador e ao excitador. O EBC recebe o sinal do regulador. Quando necessário, o controlador fornece níveis variáveis de corrente de excitação à excitatriz em níveis que dependem das necessidades do sistema.

A alimentação adicional de energia para o sistema de excitação suporta os requisitos de carga. Isto permite que o gerador arranque e recupere a tensão de excitação.

Este sistema de excitação não é recomendado para aplicações de energia contínua. Destina-se a aplicações de emergência ou de energia de reserva. Quando o gerador arranca, o sistema EBS é desativado até ser atingida a velocidade de funcionamento. O EBG ainda está a gerar energia, mas o controlador não a encaminha.

O sistema permite uma resposta dinâmica, é menos dispendioso e cumpre os requisitos para fornecer 300% de corrente de curto-circuito. As cargas não lineares, como o arranque do motor, são melhoradas quando comparadas com o método Shunt ou Autoexcitado.

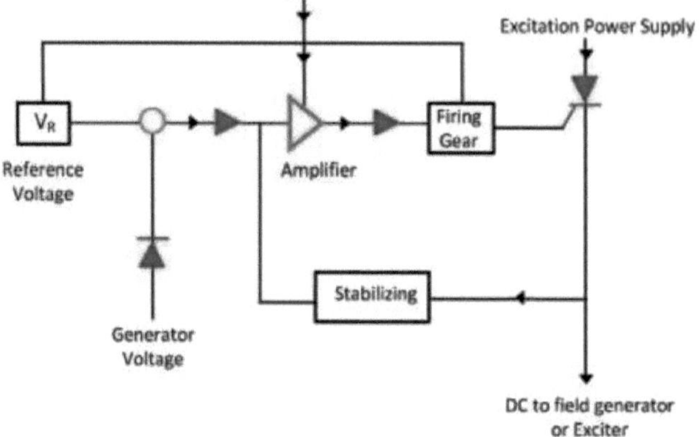

Figura 5.5 EBS

Gerador magnético permanente (PMG)

Os geradores equipados com ímanes permanentes estão entre os métodos mais conhecidos de excitação separada.

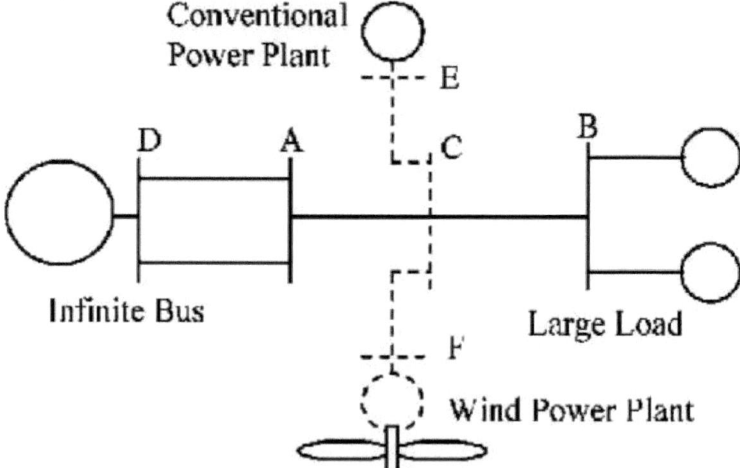

Figura 5.6 PMG

Um íman permanente é montado na extremidade accionada do veio do gerador.

O PMG fornece energia isolada ao regulador quando o veio do gerador roda. O regulador utiliza a potência extra quando alimenta cargas não lineares, tais como o arranque de motores.

É produzida uma forma de onda trifásica limpa, isolada e ininterrupta quando o veio do gerador está a rodar.

Algumas das vantagens da utilização de geradores equipados com o método de excitação PMG são

- O campo de excitação não entra em colapso, permitindo a eliminação de falhas de curto-circuito prolongadas.
- A alteração da carga não afecta o campo de excitação.
- A tensão é criada no arranque inicial e não depende do magnetismo remanescente no campo.
- Durante o arranque do motor, o campo de excitação não entra em colapso devido à falta de alimentação do regulador.
- O sistema PMG acrescenta peso e tamanho à extremidade do gerador. É o método de excitação mais utilizado para aplicações que utilizam motores que arrancam e desligam e outras cargas não lineares.
- Enrolamento auxiliar (AUX)

O método de enrolamento auxiliar é utilizado há anos. As utilizações vão desde aplicações marítimas a industriais e são mais práticas em instalações de maiores dimensões.
Este método tem um campo de excitação separado, mas não utiliza um componente ligado à extremidade accionada do veio do gerador. Estes métodos utilizam a rotação do veio e um íman permanente ou gerador para fornecer a excitação adicional.
É instalado um enrolamento monofásico adicional no estator. À medida que o veio do gerador roda, os enrolamentos principais do estator fornecem tensão ao regulador, como em todos os métodos acima mencionados.
Os enrolamentos monofásicos adicionais fornecem tensão ao regulador. Isto cria a tensão de excitação extra necessária quando se alimentam cargas não lineares.
Para aplicações de carga linear, podem ser utilizados os métodos de excitação shunt, EBS, PMG e AUX. A excitação em derivação é o método mais económico.
Para aplicações de cargas não lineares, podem ser utilizados os métodos de excitação EBS, PMG e AUX. A excitação PMG é a mais comum e amplamente utilizada.

5.4 UTILIZANDO OSCILAÇÕES SINUSOIDAIS

Uma onda sinusoidal, onda sinusoidal ou simplesmente sinusoide é uma curva matemática definida em termos da função trigonométrica senoidal, da qual é o gráfico. É um tipo de onda contínua e também uma função periódica suave.

Existem quatro tipos de osciladores sinusoidais:

- Osciladores de circuito sintonizado: Os osciladores de circuito sintonizado são constituídos por indutores e condensadores.
- Osciladores RC: Os circuitos RC são constituídos por resistências e condensadores.
- Osciladores de cristal: Os osciladores de cristal são feitos de cristais de quartzo.
- Osciladores de resistência negativa: Nos osciladores de resistência negativa utilizam-se características de resistência negativa. Um oscilador é um circuito eletrónico que produz um sinal periódico. Se o oscilador produzir oscilações sinusoidais, é designado por oscilador sinusoidal. Converte a energia de entrada de uma fonte DC em energia de saída AC de um sinal periódico. Existem 3 tipos principais de oscilação - oscilação livre, amortecida e forçada. Os osciladores são classificados em duas categorias diferentes: osciladores lineares (para formas de onda sinusoidais) e osciladores de relaxamento (para formas de onda não sinusoidais). O oscilador deve fornecer um sinal repetitivo e periódico para formas de onda não sinusoidais, como ondas triangulares, quadradas e rectangulares, na sua saída. Um oscilador de onda sinusoidal é um amplificador que utiliza realimentação positiva para produzir uma tensão de saída sinusoidal, sem qualquer sinal de entrada de uma fonte externa.

5.5 EFEITO DA DISTORÇÃO DO TERCEIRO HARMÓNICO

A distorção harmónica pode ter efeitos prejudiciais no equipamento elétrico. A distorção indesejada pode aumentar a corrente nos sistemas de energia, o que resulta em temperaturas mais elevadas nos condutores neutros e nos transformadores de distribuição. Geralmente, as harmónicas do sistema de energia aumentam rapidamente a corrente no circuito. O rápido aumento da corrente eléctrica ocorre exatamente na harmónica 3 r d, o que a torna perigosa para os circuitos. Estas harmónicas provocam o mau funcionamento dos aparelhos e o aquecimento, pelo que são prejudiciais.

A distorção harmónica total (THD) é o grau cumulativo de distorção de uma corrente eléctrica em comparação com a ideal. A maior parte dos sistemas eléctricos domésticos consome **cargas lineares**. Numa curva sinusoidal de corrente linear, os picos e os vales são suaves, uniformes e sinusoidais. Alguma distorção pode ter efeito em circuitos residenciais, mas não o suficiente para causar problemas significativos de eficiência.

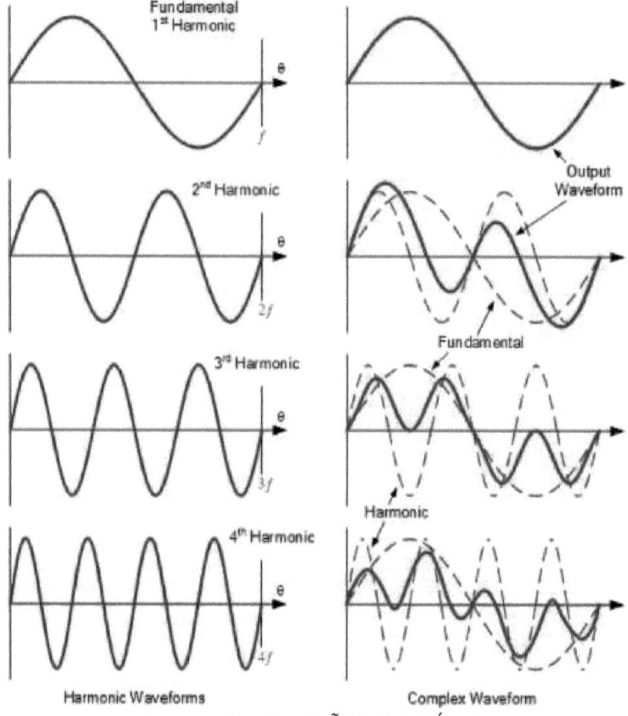

Figura 5.7 DISTORÇÃO HARMÓNICA

5.5.1 DISTORÇÃO DE TERCEIRA ORDEM

Os harmónicos de terceira ordem ou "ímpares" são múltiplos de número ímpar das frequências fundamentais, que dão ao sinal um som mais agressivo. De um modo geral, os designs de válvulas criam níveis mais elevados de harmónicos de ordem par, enquanto os designs baseados em cassetes e transístores criam níveis mais elevados de harmónicos de ordem ímpar.

5.5.2 Formas de Reduzir as Harmónicas nos Circuitos e Sistemas de Distribuição de Energia

- Transformadores K-Rated
- Medição do fator K. Em qualquer sistema que contenha harmónicos, o fator K pode ser medido com um analisador de qualidade de energia
- Carga do circuito
- Transformadores de atenuação de harmónicas
- Cablagem Delta-Wye
- Enrolamentos em ziguezague

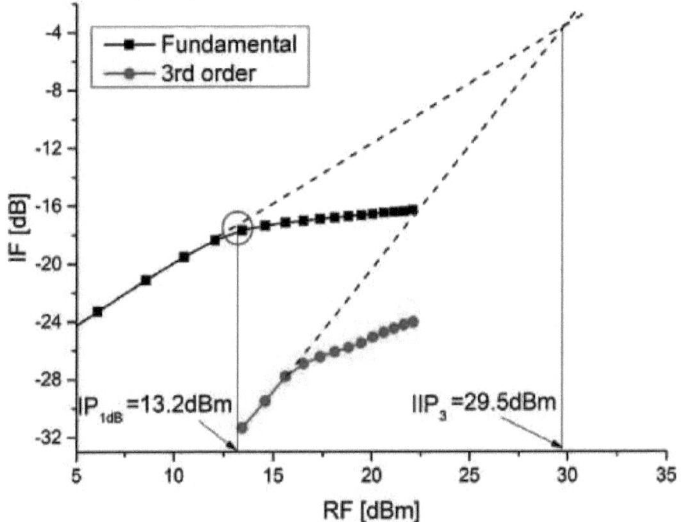

Figura 5.8 DISTORÇÃO DE TERCEIRA ORDEM

Os harmónicos são correntes ou tensões com frequências que são múltiplos inteiros da frequência de potência fundamental, que nos EUA é de 60 Hertz.

Se a primeira frequência fundamental é 60 Hz, a segunda é 120 Hz e a terceira é 180 Hz.

Os seguintes sintomas são exemplos de mau funcionamento e avaria do equipamento associados a harmónicos numa fonte de alimentação:

- Aquecimento

(motores, cabos, transformadores, neutros)

- Tremores motores
- Os transformadores e os dispositivos giratórios produzem ruídos audíveis
- Interrupção do funcionamento de um disjuntor
- Queda de raio
- Entalhe da tensão

A causa da distorção harmónica

As distorções harmónicas são normalmente causadas pela utilização de cargas não lineares pelos utilizadores finais de eletricidade.

As cargas não lineares, a grande maioria das quais são cargas com dispositivos electrónicos de potência, consomem corrente de uma forma não sinusoidal.

5.6 LIMITAR CICLOS

O estudo dos ciclos-limite foi iniciado por Henri Poincaré (1854-1912). Um ciclo-limite é uma trajetória fechada no espaço de fase que tem a propriedade de que pelo menos uma outra trajetória espirala para dentro dela, quer à medida que o tempo se aproxima do infinito, quer à medida que o tempo se aproxima do infinito negativo.

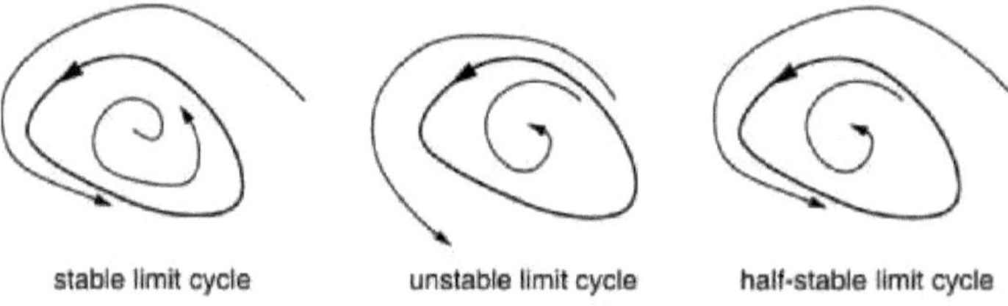

Figura 5.9 Ciclos de limite

Existem 3 tipos de ciclos Limite:

- Estável
- Instável e
- Semi-estável

No caso de todas as trajectórias vizinhas se aproximarem do ciclo limite à medida que o tempo se aproxima do infinito, designa-se por ciclo limite *estável* ou *atrativo* (ω-ciclo limite). Se, pelo contrário, todas as trajectórias vizinhas se aproximarem dele à medida que o tempo se aproxima do infinito negativo, então trata-se de um ciclo limite *instável* (α-ciclo limite). Se houver uma trajetória vizinha que se aproxima do ciclo limite à medida que o tempo se aproxima do infinito, e outra que se aproxima dele à medida que o tempo se aproxima do infinito negativo, então trata-se de um ciclo limite *semi-estável*. Há também ciclos limite que não são estáveis, nem instáveis, nem semi-estáveis: por exemplo, uma trajetória vizinha pode aproximar-se do ciclo limite pelo exterior, mas o interior do ciclo limite é aproximado por uma família de outros ciclos (que não seriam ciclos limite).

Os ciclos limite estáveis são exemplos de atractores. Implicam oscilações auto-sustentadas: a trajetória fechada descreve o comportamento periódico perfeito do sistema, e qualquer pequena perturbação desta trajetória fechada faz com que o sistema regresse a ela, fazendo com que o sistema se mantenha no ciclo limite. Os ciclos-limite só ocorrem em sistemas não lineares - ou seja, um sistema linear 'x = Ax pode ter órbitas fechadas, mas elas não serão isoladas! r* = 0 é um ponto fixo instável e r* = 1 é estável.

Uma órbita periódica \Gamma num plano (ou numa variedade bidimensional) é designada por ciclo limite se for o conjunto \alfa-limite ou o conjunto \omega-limite de um ponto z que não esteja na órbita periódica, ou seja, o conjunto dos pontos de acumulação da trajetória para a frente ou para trás através de z\ , respetivamente, é exatamente \Gamma\. É a trajetória fechada na ciência.

REFERÊNCIAS

1. Alberts B, Bray D, Johnson A et al. (1997) Essential Cell Biology. Londres: Garland Publishing.
2. Darwin C (1859) On the Origin of Species. London: Murray.
3. Graur D & Li W-H (1999) Fundamentals of Molecular Evolution, 2nd edn. Sunderland, MA: Sinauer Associates.
4. Madigan MT, Martinko JM & Parker J (2000) Brock's Biology of Microorganisms, 9th edn. Englewood Cliffs, NJ: Prentice Hall.
5. Margulis L & Schwartz KV (1998) Five Kingdoms: An Illustrated Guide to the Phyla of Life on Earth, 3rd edn. Nova Iorque: Freeman.
6. Watson JD, Hopkins NH, Roberts JW et al. (1987) Molecular Biology of the Gene, 4th edn. Menlo Park, CA: Benjamin-Cummings.
7. Instituto Suíço de Bioinformática, (2018) Documentação SWISS-MODEL.
8. Marx, V., (2013) Biologia: os grandes desafios dos grandes dados. *Nature*, 498, 255-260.
9. K. Atkinson, (1989) An Introduction to Numerical Analysis, Wiley, (2ª ed.).
10. P.G. Ciarlet e J. L. Lions (eds), (1990) Handbook of Numerical Analysis, North Holland.
11. Zienkiewicz, O. C. e Morice, P. B., (1971) The finite element method in engineering science, London: McGraw-Hill.

DADOS DO AUTOR

O meu nome é **Dr. S R Chitra** e fiz o meu trabalho de investigação no Departamento de Física da Universidade de Anna, Chennai, Tamil Nadu, na Índia. Publiquei 19 artigos de investigação em revistas da scopus. Também apresentei seis comunicações em conferências sobre nanomateriais. Publiquei dois livros a nível nacional, nomeadamente, "SEMICONDUCTOR PHYSICS" e "LOW DIMENSIONAL SEMICONDUCTOR PHYSICS" e dois livros a nível internacional intitulados "INVESITGATION ON ANTIMICROBIAL SUSCEPTIBILITY TESTING" e "A CRITICAL BIBLIOGRAPHIC REVIEW ON PARACETAMOL (ACETAMINOPHEN) & IBUPROFEN (ADVIL)".
jaicitra@yahoo.co.in linkedin. com/in/s-r-chitra-73
researchgate.net/s r chitra livedna.net/?dna=91.38229

O meu nome é **Dr. G Prabhavathi** e trabalha como Diretor e Professor Assistente no Departamento de Física do Syed Ammal Arts and Science College em Ramanathapuram, Tamil Nadu, Índia.
A minha área de investigação: Nanociência e Thinflim.
Também publiquei 10 artigos de investigação em revistas internacionais e participei em 10 conferências nacionais e internacionais, realizadas por várias faculdades e universidades, e também fiz muitas apresentações.
prabhaphd2017@gmail.com

Sou **a Sra. B SURIYA DEVI**, M.Sc., M. Phil, SET, e trabalho como professora convidada de Física no Colégio de Artes e Ciências do Governo, Sattur, Virudhunagar Tamilnadu, na Índia. Atualmente, estou a fazer investigação no domínio dos sensores na Universidade de Madurai Kamaraj, em Madurai, Tamilnadu, Índia.

prabhusuriya2008@gmail.com

Sou **a Sra. A Lakshmi**, que trabalha como Professora Associada de Física na faculdade Mannar Thirumalai Naicker em Madurai, Tamilnadu, Índia. Organizei muitos seminários, nomeadamente um seminário a nível estatal sobre "NANO ENABLED SMAR MATERIALS", um seminário nacional sobre "MATERIALS OF IMPORTANCE", etc. Participei em 24 seminários e webinars, bem como em 5 programas de desenvolvimento do corpo docente. Publiquei 6 artigos de investigação.

lakshmi.mtnc@gmail.com

Printed by Books on Demand GmbH, Norderstedt / Germany